哇！编程 _{入门篇}

申小吉SCRATCH编程环游历险记 II

神鸡编程◎著　　李泽◎审校

天津出版传媒集团

天津科学技术出版社

和申小吉一起学编程啦！

故事引入

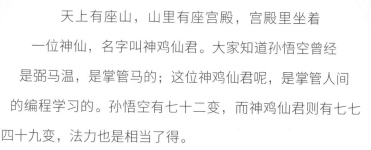

　　天上有座山，山里有座宫殿，宫殿里坐着一位神仙，名字叫神鸡仙君。大家知道孙悟空曾经是弼马温，是掌管马的；这位神鸡仙君呢，是掌管人间的编程学习的。孙悟空有七十二变，而神鸡仙君则有七七四十九变，法力也是相当了得。

　　这一天，神鸡仙君照常在云亭瞭望人间的编程子弟，突然有侍女传话说玉皇大帝召唤他过去。这可是少见的大事，毕竟玉皇大帝很少会传召他。究竟发生了什么呢？神鸡仙君一边疑惑着，一边跟着侍女走进了玉皇大帝的宫殿。

　　只见玉皇大帝眉头紧锁，看到神鸡仙君进来后才微微放松了些："神鸡仙君，见到你就好了。你最近是不是很少去人间考察了？"神鸡仙君回答道："是啊，自从上次下凡考察了中国后，我便没下去过了。怎么啦？发生什么大事了？"

玉皇大帝叹了口气，说："最近人类正在面临一场空前的鸡流感灾难，病毒在凡间扩散得很快，已经殃及至少14座大城市。我先后派了蜘蛛侠和蝙蝠侠两位将领下去，但他们回来汇报说，他们都无法完成任务，能拯救人类的只有你——毕竟你是神鸡仙君，是这次鸡流感病毒的克星。"

听到这，神鸡仙君不假思索地说："既然这样，我即刻启程，尽管吩咐我怎么做。"

玉皇大帝说："要想拯救人类，唯一的方法是前往14座世界名城，完成任务，搜集'妙算子'。当你把14个'妙算子'搜集齐全，就能形成一股强大的力量，消灭病毒，拯救人类。在搜集的过程中，你可以借助你的编程力量。"

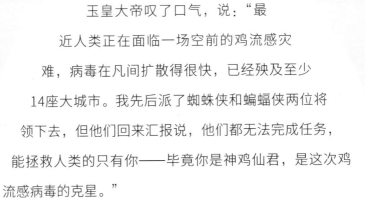

目录

第九课

丹麦哥本哈根，卖火柴的小女孩

第十课

日本神户，望梅止渴

第十一课

中国澳门，石头剪刀布

第十五课

中国香港，维多利亚港烟花盛开

先追求完成，再追求完美。

——扎克伯格

马克·艾略特·扎克伯格（Mark Elliot Zuckerberg），1984年5月14日生于美国纽约州白原市，社交网站Facebook（脸书）的创始人兼首席执行官，被人们冠以"第二盖茨"的美誉。

扎克伯格很喜欢程序设计，特别是沟通工具与游戏类。他高中时做出了名为Synapse Media Player的音乐程序，并且借由人工智能来学习用户听音乐的习惯。他还开发过名为ZuckNet的软件程序，让父亲可以在家里与诊所里的牙医进行交流。这一套系统甚至可视为后来的美国在线实时通信软件的原始版本。他2002年毕业于艾克塞特学校；2004年创办社交网站Facebook；2017年5月获哈佛大学荣誉法学博士学位；2019年4月18日，上榜美国《时代》杂志2019年度全球百位最具影响力人物榜单。

在了解清楚任务后，神鸡仙君就出发了。为了在人间更好地活动，他化身为申小吉，来到了通往地球的天窗。面对着眼前转动的地球，申小吉突然感到一种前所未有的重担落在肩头。他决定了，为了人类的未来，再苦再累也要毅然出征。他不禁握紧了拳头，才发现右手多了一颗紫色的仙丹。

　　为了让申小吉能更顺利地完成拯救人类的任务，玉皇大帝赐予了他一颗灵丹妙药，以帮助弱小的申小吉快速长大，使他拥有很多能力。让我们一起来完成作品《紫薇星亮，神鸡出征》吧！

思维导图

项目规则

• 外太空的天体不停地运动着，同时还发出声音；

• 申小吉刚成年，身体还很弱小，但是肩负拯救整个鸡族的重任："为了鸡族，申小吉出发吧！"

• 申小吉吃完丹药得到了某种神力，开始慢慢长大，变得更加强壮了。

思维导图

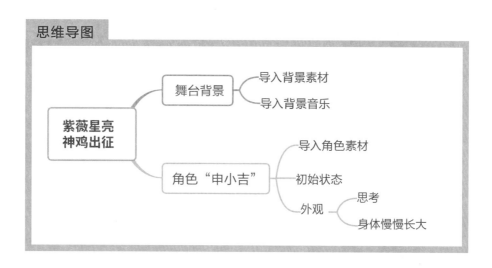

编程大作战

1. 导入背景素材

由于是从外太空出征的，因此我们首先需要做一个宇宙背景。

在Scratch中找到"背景区"，鼠标移动到图标 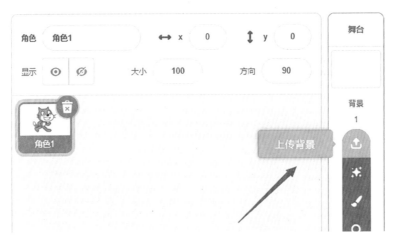 上，在弹出的选项中找到图中"上传背景"选项，然后点击。

在弹出的对话框中，找到本书需要下载的素材包位置"神鸡编程环游记/素材包/第1课"，选中图片文件"背景-宇宙"之后，点击"打开"按钮，即可把背景图片加入到Scratch中了。

继续 →

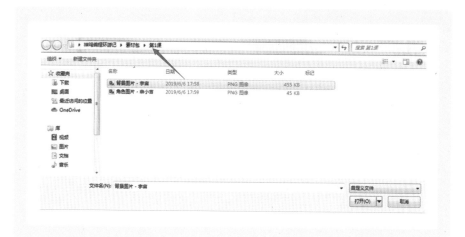

2. 背景音乐

　　但是这个外太空太单调，我们让外太空更加神秘些吧。下一步我们要在背景中加入音乐。点击声音选项卡。

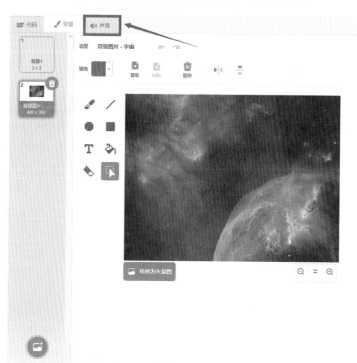

继续 →

进入到背景的声音界面之后，鼠标移动到  上，在弹出的选项中找到图中的"上传声音"选项，然后点击。

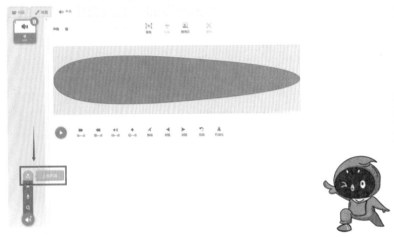

在弹出的对话框中，找到本书需要下载的素材包位置"神鸡编程环游记/素材包/第1课"，选中音频文件"背景声音-宇宙噪声"之后，点击"打开"按钮，即可把背景音乐加入到Scratch中了。

经过前面的努力，Scratch背景出现了宇宙的样子，并且

继续 →

加入了烘托宇宙气氛的声音。申小吉在外太空的场景就呈现出来啦。

但是你会发现Scratch并没有直接发出声音来。这是为什么呢?

原来Scratch中声音的播放是需要用代码来控制的,所以我们需要为声音加上代码,现在离成功就差一点了。

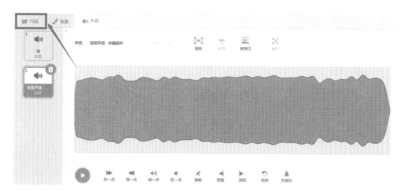

点击"代码"选项卡,可以看到下图中有各种小方块。比如 换成 背景1 ▾ 背景 ,我们把这种小方块叫作积木,每一个积木都有自己特定的功能。我们可以把这些有特殊功能的积木放到图中脚本区。Scratch就会按照我们罗列积木的顺序执行这些积木的功能,从而产生有用的效果。让我们赶紧试试吧!

继续 →

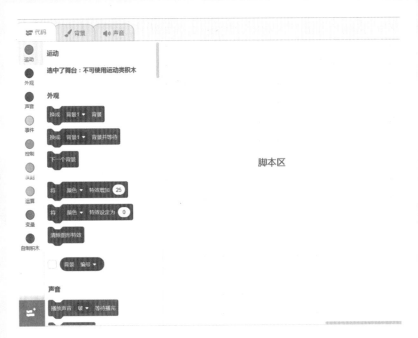

Scratch中有功能各异的积木，为了方便我们学习和使用，Scratch中的积木按功能总共分成九大类。比如声音类别包括了"播放声音""停止所有声音""音量"等与声音相关的积木。而我们想让Scratch发出宇宙噪声，也就需要用到"播放声音等待播完"这个积木。

当然，想在Scratch的众多积木中找到我们想要的积木是有技巧的。

我们需要先找到积木属于哪个类别。比如"播放声音等待播完"积木属于声音类别。那我们就点击声音类别，然后鼠标左键按住积木"播放声音等待播完"拖动到脚本区。用鼠标点击一下刚才拖动的积木，看看会发生什么。

继续 →

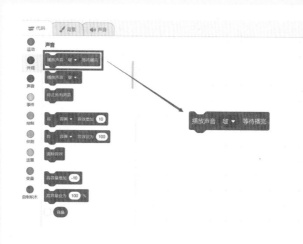

是不是听到了"啵"的一声？

但是我们是想要听到宇宙噪声，怎么切换到我们刚才导入的背景声音呢？

如下图，点击 ▽，可以看到有多个声音可以选择，选中我们需要的"背景声音- 宇宙噪声"。再试试看吧。

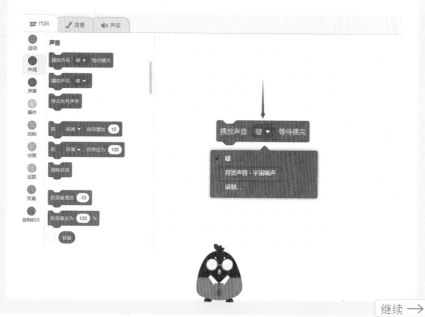

继续 →

这里有没有发现一个小问题：背景声音播放完一遍，就没有了。

想要背景声音一直播放怎么办呢？这就需要我们使用另外一个拥有神奇功能的积木——"重复执行"。"重复执行"积木可以多次执行其他功能积木，比如声音播放一次就没有了，加上"重复执行"之后，播放完一次后，声音又会接着再一次播放。

如下图，选择"控制类别"，鼠标拖动"重复执行"积木到右边的脚本区，移动到"播放声音"积木上，当看到有阴影出现时，松开鼠标，可以看到"重复执行"积木把"播放声音"积木包裹了起来。

再点击积木试试，有没有发现声音是在不停地播放？

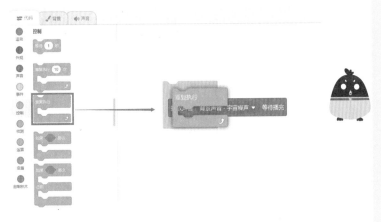

这时，你肯定又会有疑问了：那如何停止声音呢？

首先，我们来看下图中的舞台区，我们导入的背景还有要导入的角色都会在这里显示出来，脚本区的积木会控制背景和

继续 →

角色在舞台区里面的活动，比如控制背景播放背景声音。

下图中的 ▶ 控制整个程序的开始，而 ⬤ 则控制整个程序的结束。所以我们点击一下 ⬤，声音就会停止播放。

还记得刚才的背景声音是什么时候开始播放的吗？是我们点击了积木才开始播放的。但是通常情况下，程序从开始启动之后，就不能再对积木代码进行修改了，所以我们需要用另外一个有特殊功能的积木——"当 ▶ 被点击"来控制声音的播放。

如下图，我们点击"事件"类别，跟前面的操作一样，将"当 ▶ 被点击"积木拖动到"重复执行"积木的上方，看到阴影之后，松开鼠标。"当 ▶ 被点击"积木就和"重复执行"积木连接在一起了。这时，我们不必再点击积木来启动代码执行了，点击舞台区的 ▶ 试试吧。

继续 →

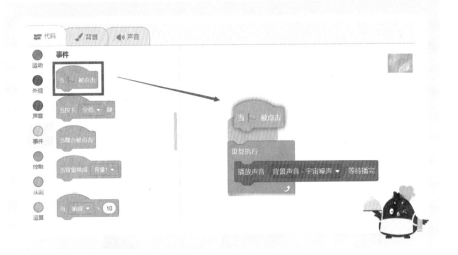

3. 导入角色素材

恭喜你，经过上面的努力，已经成功地把"背景"和控制"背景"的功能积木加到了Scratch中，申小吉出征的场景我们已经完全搭建好了。现在就差我们的主角申小吉登场了。

舞台区的下面是角色区，背景区存放背景的相关内容，同理角色区存放角色的相关内容，角色会比背景有更多的操作功能。

咦，舞台中怎么有一只猫呢？挺可爱的。

这是因为Scratch新建项目的角色区都会默认有这只猫（这只猫是Scratch官方的Logo，也是它们的吉祥物）。大部分时间我们不需要它，此时我们要删除掉这只猫。

将鼠标移动到舞台下方，选中"角色"，点击鼠标右键，选择"删除"选项即可。

继续 →

接下来，我们把申小吉请出来，放到角色区。操作过程与导入背景图片类似。鼠标移动到图标  上，在弹出的选项中点击"上传角色"。

继续 →

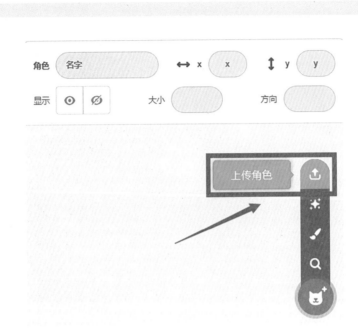

在弹出的对话框中，找到本节需要下载的素材包位置
"神鸡编程环游记/素材包/第1课"，选中图片文件"角色图
片-申小吉"之后，点击"打开"按钮，即可把角色图片加入
Scratch中。

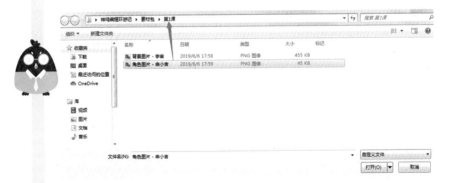

恭喜你，现在又完成一步啦。主角申小吉已经出现在舞台
区的中央了。

继续 →

在我们的努力下，申小吉现在奇迹般地出现在神秘的外太空。但是刚出现的申小吉外观很特别，需要我们来帮他修改一下。

经过前面的操作练习，你应该学会如何给背景添加控制积木了。

现在我们想控制角色申小吉出场的状态外观，需要使用如下积木：

· 角色要变小，使用"将大小设为"积木，值是20；

· 使用"思考"积木，内容是"为了鸡族，申小吉出发吧！"。

继续 →

4. 外观

为了帮助申小吉更好地完成任务，紫胡子老爷爷给了他一颗灵丹，可以让他的身体慢慢变大，充满更多能量。

现在我们想控制角色申小吉的外观变化，需要使用如下积木：

· 角色变大，使用"将大小增加"积木，值是20；

· 使用"重复执行"，角色的身体可以不断增大；

· 角色身体变大应该是慢慢变大，而不是马上变大，使用"等待1秒"积木。

最后，点击下 🚩 看看我们完成的作品吧！恭喜你，完成了作品《紫薇星亮，神鸡出征》！

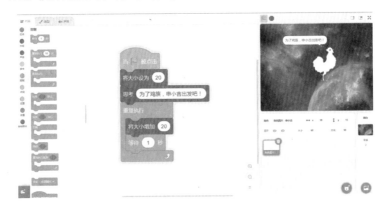

挑战自我

1. 快速长大的申小吉

提示：尝试在现在的积木中修改积木里面的数值（比如把"将大小增加"积木里的值改成40）。

2. 变异了的申小吉

提示：尝试在现有积木的基础上增加其他外观类别的积木，例如添加"将像素化特效增加20"积木（见下图），让角色申小吉发生别的变化。

编程英语

英文	中文
background	背景
stage	舞台
role	角色
chicken	鸡

知识宝箱

恭喜你完成了本课的学习，下图是我们本课学习到的知识图谱。

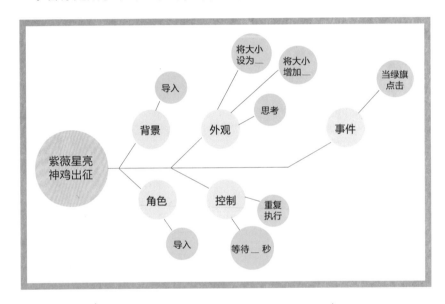

保持好奇。

——斯蒂芬·威廉·霍金

斯蒂芬·威廉·霍金（Stephen William Hawking，1942—2018）出生于英国牛津，英国剑桥大学著名物理学家，现代最伟大的物理学家之一，20世纪享有国际盛誉的伟人之一。1963年，21岁的霍金患上肌肉萎缩性侧索硬化症（卢伽雷氏症），全身瘫痪，不能言语，手部只有3根手指可以活动。1979—2009年霍金任卢卡斯数学教授，主要研究领域是宇宙论和黑洞，证明了广义相对论的奇性定理和黑洞面积定理，提出了黑洞蒸发理论和无边界的霍金宇宙模型，在统一20世纪物理学的两大基础理论——爱因斯坦创立的相对论和普朗克创立的量子力学方面走出了重要一步。他被推崇为继爱因斯坦之后最伟大的理论物理学家，宇宙模型因他的工作得以改观，宇宙万物的内容也因此被重新界定。著有《时间简史》《果壳中的宇宙》等全球畅销的科普巨作。获得过许多奖项和荣誉，包括总统自由勋章。

申小吉借助丹药的力量，来到了第一站——瑞士日内瓦。刚落地，他就被湖上的大喷泉震撼住了。大喷泉宛若鲸鱼喷出的水柱，有140米高，比周边的高楼还要高。申小吉觉得它还差一点就能把水喷上天庭了。

　　但申小吉赶紧回过神来，准备执行任务。日内瓦是世界钟表之都，每年都会举办"日内瓦高级钟表大赏"，素有"钟表界奥斯卡大奖"之美誉。据说，"妙算子"就藏在本次的"日内瓦高级钟表大赏"中。所以，申小吉需要制造一个精准的钟表来参加这个大赛，以便混进会场收集第一个"妙算子"。

　　面对如此高规格的钟表大会，申小吉想：我一定要不走寻常路，得用另外一种异于常规的钟表制作方法，才有可能赢得比赛。那就只能借助编程了！

　　让我们和申小吉一起来完成作品《瑞士日内瓦，编程造钟表》吧！

思维导图

• 钟表的表针会随着时间不停地转动，时间每过1秒，表针就会转动一个刻度；

• 时间每过1秒，钟表就会发出一次"滴答"声；

• 钟表有计时的功能，时间每过1秒，计时器的值就会加1。

思维导图

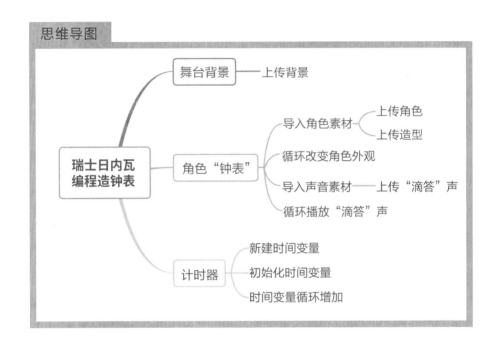

瑞士日内瓦
编程造钟表

舞台背景 —— 上传背景

角色"钟表"
　导入角色素材 —— 上传角色
　　　　　　　　上传造型
　循环改变角色外观
　导入声音素材 —— 上传"滴答"声
　循环播放"滴答"声

计时器
　新建时间变量
　初始化时间变量
　时间变量循环增加

编程大作战

1. 导入背景素材

　　我们需要为申小吉造的钟表添加一张背景图片，按照第1课添加背景的方法，我们在素材包中找到"神鸡编程环游记/素材包/第2课"的"背景图片"，并在Scratch中的背景区导入这张背景图片。

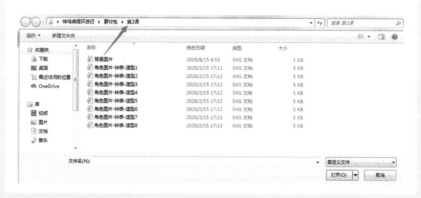

2. 导入角色素材

　　（1）上传角色图片

　　申小吉要在日内瓦完成造钟，当然少不了主角"钟表"。我们需要上传角色的图片，按照第1课中教授的方法，首先删除掉Scratch自带的角色"猫"，在素材包中找到"神鸡编程环游记/素材包/第2课"中的"角色图片-钟表"，并通过Scratch中的角色区

继续 →

上传到我们的程序当中，在角色区将上传的角色命名为"钟表"，将x坐标和y坐标均设置为0，此时钟表的位置位于背景图片的中间。

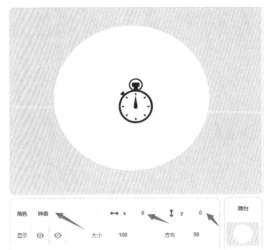

（2）表针循环转动

钟表的表针会随着时间在钟表的刻度间不停地转动，一圈又一圈。同学们想想我们要怎么做才能让钟表的表针转动起来呢？

这里我们要学习一个重要的物理现象——视觉暂留，又称"余晖效应"，它是由英国伦敦大学教授皮特·马克·罗葛特在1824年提出的。人的眼睛是有记忆的，眼前看到的画面会在我们的眼睛里留下很短的记忆，画面消失后，我们的眼睛能把之前看到的画面短暂地保留下来，这样，当我们看到下一个画面时会认为两个画面是连在一起的。电影就是利用了这一原理，其实电影播放的是一张一张的图片，因为人的视觉暂留现象，我们才认为电影的画面是连续的。

继续 →

　　我们想让钟表转动起来，就要利用视觉暂留的原理。我们需要让我们的角色"钟表"有多种造型，每一种造型就是一张图片，不同的造型中表针指向不同的刻度。我们的钟表有8个刻度，这样就对应了8种不同的造型。素材包已经为我们准备好了这8种造型图片，我们需要上传这8种造型图片。按照下图，先点击角色菜单栏的"造型"选项，再点击下方的图标 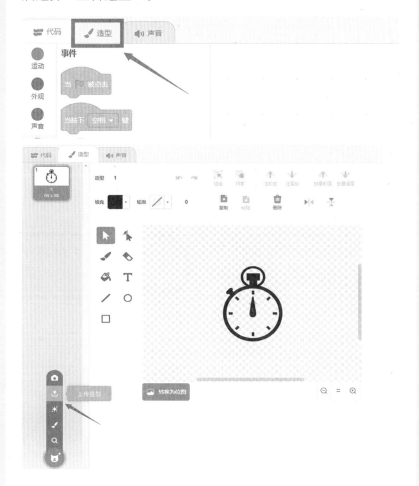，最后选择"上传造型"。

继续 →

　　在素材包中找到"神鸡编程环游记/素材包/第2课"，将"角色图片-钟表-造型2"到"角色图片-钟表-造型8"这7张图片依次上传，并用数字2~8依次命名导入的造型，第一次导入的"角色图标-钟表"图片命名为1。需要注意的是导入造型的顺序要正确，因为钟表的表针是按顺序依次在刻度之间转动的。

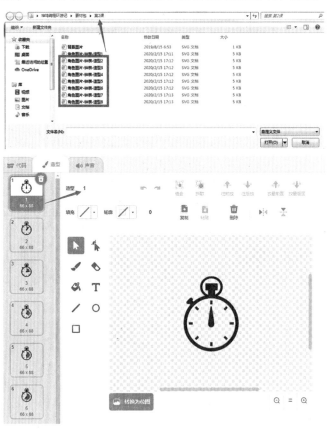

　　如果我们在上传时把顺序弄错了，比如在第2个造型之前导入了第3个造型，我们可以通过鼠标挪动第2个造型，长按左键将该造型拖动到第3个造型的位置，这样两个造型就调换了顺序。

继续 →

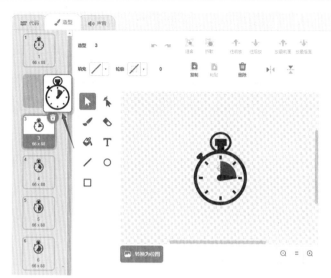

3. 循环改变角色外观

导入造型后，我们想让8种造型图片循环切换，形成视觉暂留，达到表针转动的效果，就需要在Scratch的代码区利用积木的搭建来完成。让我们一起想想，需要用到哪些积木呢？

分别需要用到以下4种积木块：

· 从"外观"类选择"换成1造型"积木，用来控制将造型切换到第1个造型；

· 从"控制"类选择"重复执行"积木，控制造型循环切换；

· 从"控制"类选择"等待1秒"积木，让造型间隔1秒后再切换；

· 从"外观"类选择"下一个造型"积木，用来控制造型按顺序切换到下一个造型。

继续 →

按照下图中的结构将这4种积木拼起来：首先将"换成1造型"积木块放在最上面的位置，因为在表针开始转动前，我们需要让表针指向第1个刻度，而对应的造型是第1个造型。然后将"重复执行"积木块拼接到"换成1造型"积木块下方，最后将"等待1秒"和"下一个造型"积木块拼接到"重复执行"积木块里。大功告成！我们点击一下拼好的积木块看一下效果吧！单击拼好的积木块，同学们就可以看到表针在不同的刻度之间转动起来了。

此外，我们需要为表针转动添加一个控制开关，和第1课一样，我们要用到事件类别中的"当 ▶ 被点击"积木块，将该积木块放置在已经拼好的积木块的最上方。这样，当我们单击舞台区上方的小绿旗 ▶ 时，表针就开始转动了。如果想让表针停止转动，就单击舞台区上方的 ⬣ 。

继续 →

4. 导入声音素材

　　表针在转动的时候会发出"滴答"的声音，我们需要为钟表添加"滴答"的声音。单击Scratch界面左上方的"声音"按钮，将界面切换至角色的声音区，单击上传声音，我们在素材包中找到"神鸡编程环游记/素材包/第2课"的"背景音乐-滴答"，并上传导入。

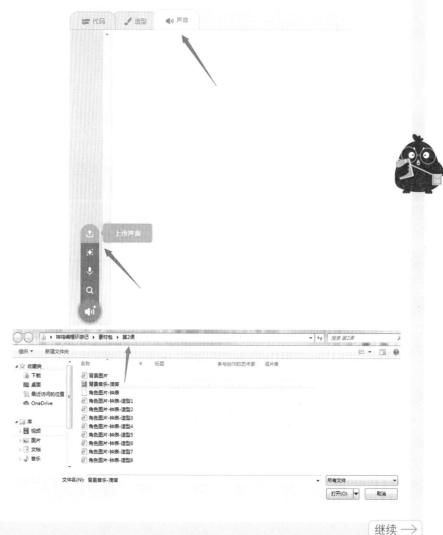

继续 →

我们在声音区点击图中所示的"▶"按钮，可以听到一声"滴答"，这样我们就顺利地导入了角色钟表所需的"滴答"声，让我们的"造钟工程"又往前迈进了一步。

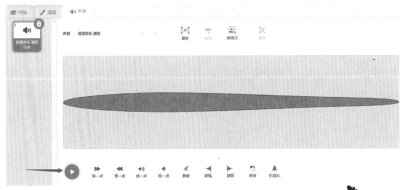

5. 循环播放"滴答"声

"滴答"声目前还不满足要求，我们想控制"滴答"声随着表针的转动播放，则需要用到"播放声音 背景音乐-滴答"这个积木块，该积木块位于"声音"分类里，是用来控制播放"滴答"声的积木块。

按照下面图中的结构，将"播放声音 背景音乐-滴答"积木块拼接到"等待1秒"后，利用已经拼好的"重复执行"和"等待1秒"积木块，让滴答声每隔1秒播放一次。

同学们思考一下，"等待1秒"积木块可以放在"播放声音 背景音乐-滴答"积木块下面吗？答案是不可以，因为时间每过1秒，"滴答"声播放一次，时间先流逝1秒，才会播放"滴

继续 →

答"声。有同学可能会问，"等待1秒"积木块放在"播放声音 背景音乐-滴答"积木块下面效果是一样的，都是1秒播放一次"滴答"声，但细心的同学会发现，如果这样，当我们点击拼好的积木块时，会马上播放"滴答"声，而正确的效果是时间先流逝1秒再播放"滴答"声。

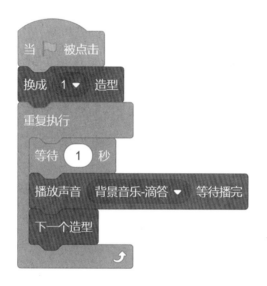

让我们看一下效果吧，单击舞台区上方的 ▶，钟表便开始转动了，并且表针转动的同时伴随着"滴答"声。

继续 →

6. 计时器

（1）时间变量

钟表有计时的功能，我们需要为我们之前制作好的钟表添加一个计时器，它可以帮助申小吉记录下在日内瓦这座美丽的城市度过的时间。

首先，我们需要为角色钟表添加一个变量，这个变量用来记录时间，我们把这个变量叫作时间变量。单击"变量"类别，然后找到"建立一个变量"，单击后创建一个变量。

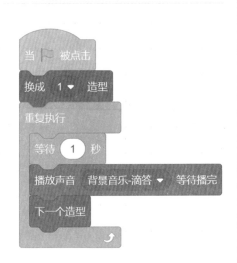

将该新建变量命名为"秒"，因为我们是以秒为单位来记录时间的。

继续 →

新建变量   ✕

新变量名：

秒

◉适用于所有角色   ○仅适用于当前角色

取消   确定

单击"确定"后，我们就可以在舞台区的左上角看到我们刚才创建好的变量。

（2）初始化时间变量

在钟表开始转动之前，需要将时间变量初始化为0，因为这个时候的钟表还未开始计时呢。利用"变量"类别中的"将秒设为0"积木块来完成，并将该积木块拖动到"当 🏳 被点击"积木块之后，"换成1造型"积木块之前。

继续 →

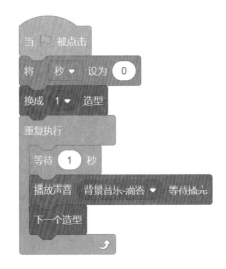

（3）时间变量循环增加

时间每流逝1秒，计时器的时间变量需要增加1秒。我们利用"变量"类别中的"将秒增加1"积木块来完成，并将该积木块拖动到"下一个造型"积木块之后，被"重复执行"积木块包裹，因为时间变量需要循环增加。

继续 →

恭喜你已经完成了作品《瑞士日内瓦，编程造钟表》！现在来点击一下 🚩，看看效果吧！

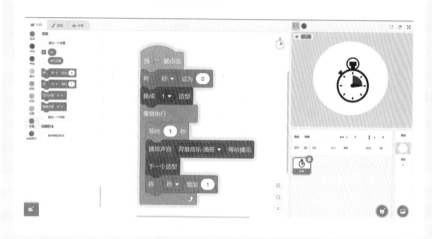

挑战自我

1. 将钟表变成每2秒表针转动一个刻度

   提示：尝试修改积木里面的数值（比如将"等待1秒"积木里的值改成2，将"将秒增加1"积木里的值改成2，见下图）。

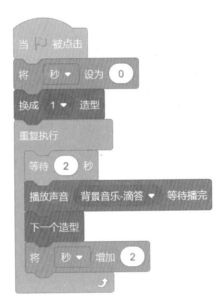

2. 将钟表变成每1秒表针转动两个刻度

   提示：尝试删除掉造型2、4、6、8。

编程英语

英文	中文
Switzerland	瑞士
clock	钟表
second	秒
Geneva	日内瓦
watch hand	表针
variable	变量

知识宝箱

恭喜你完成了本课的学习，下图是我们本课学习到的知识图谱。

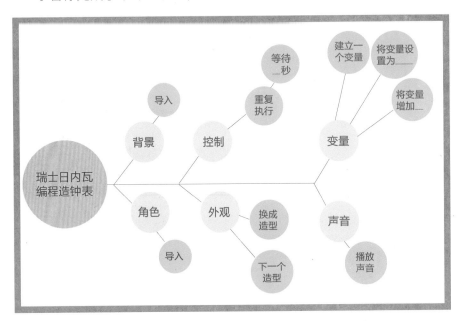

申小吉顺利制作出钟表，并化名为艾斯觉罗·神迹·真帅伯爵，参加了"日内瓦高级钟表大赏"的晚宴，还成功地在晚宴的舞台边捡到了"妙算子"，总算通过了第一关。"妙算子"发出了紫色的光，投射出两个字——罗马。看来这是下一站了。由于在地球上不便使用神力，申小吉呼叫了网约飞机，前往下一个城市。

意大利罗马，突遇蝙蝠袭击

你只需要伸出一只脚往前踏，然后继续向前，戴上眼罩然后努力地缓慢前进。

——乔治·卢卡斯

乔治·卢卡斯（Geroge Lucas），1944年5月14日出生于美国加利福尼亚州的莫德斯托，毕业于南加州大学电影系。他是电影导演、制片人和编剧，他最著名的作品是史诗级作品《星球大战》系列（导演）和《夺宝奇兵》系列（编剧）。他的作品《星球大战》在美国人的心目中拥有崇高的地位，曾经打破美国本土以及世界上多项票房纪录。2005年，卢卡斯获得美国电影学会颁发的AFI终身成就奖。乔治·卢卡斯与弗朗西斯·福特·科波拉、马丁·西科塞斯、史蒂芬·斯皮尔伯格合称好莱坞80年代四大导演。

飞机穿过凯旋门、斗兽场、古罗马广场，最终在西班牙广场停下了。申小吉来不及游览那历史悠久的古罗马遗迹，也无心欣赏热闹迷人的广场与喷泉，只是不停穿梭在罗马小巷中，希望能尽快找到第二颗"妙算子"。

　　正当他迷茫地走在罗马街头时，突然见到许多人围成一个圈在祈祷。申小吉见缝插针地钻进人群里，才发现，原来这里是罗马最有名的喷泉——许愿池。听说许愿池是在1732年设计的，已有数百年历史，一直很灵验。申小吉也学着周边的人群低头许了个愿望——请帮助我快点儿找到"妙算子"吧。许完愿后，申小吉来到了旁边的一个教堂里。突然，教堂上方飞来一只黑色的蝙蝠。蝙蝠直直地向申小吉飞来，眼看就要撞上他了……

　　让我们一起来完成作品《意大利罗马，突遇蝙蝠袭击》吧！

思维导图

项目规则

• 在古罗马的教堂里，申小吉遇到了一只可怕的蝙蝠从远处向他飞过来；

• 蝙蝠摆动着翅膀发出可怕的声音，蝙蝠离申小吉越来越近，身体越变越大；

• 眼看就要撞上申小吉了，突然蝙蝠对申小吉说"妙算子"，声音持续了1秒，声音停止后蝙蝠就飞不动了。

思维导图

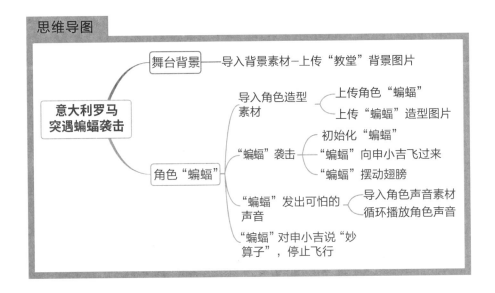

编程大作战

1. 导入背景素材

申小吉来到了古罗马的教堂，因此我们需要把舞台背景设置成古罗马的教堂。经过前两课的学习，相信你已经知道该如何导入舞台背景了。在素材包中找到"神鸡编程环游记/素材包/第3课"的背景图片，并在Scratch中的背景区导入这张背景图片。

2. 导入角色素材

（1）上传角色"蝙蝠"

导入舞台背景后，我们需要导入我们的作品角色——可怕的"蝙蝠"。首先删除掉Scratch自带的角色"猫"，然后在素材包中找到"神鸡编程环游记/素材包/第3课"的"角色-蝙蝠-造型1"，通过Scratch中的角色区上传到我们的程序当中，在角色区将上传的角色命名为"蝙蝠"。

继续 →

（2）上传"蝙蝠"造型图片

同学们发挥想象力，在脑海中想象一下蝙蝠摆动翅膀是什么样的情形，是不是会一张一合地上下摆动？因此，我们需要两张蝙蝠的造型图片，一张是蝙蝠张开翅膀向上摆动的图片，另一张是蝙蝠合并翅膀向下摆动的图片。我们在上一小节中上传的角色图片是蝙蝠张开翅膀向上摆动的图片，我们可以将这张图片作为造型1。选中蝙蝠，单击"造型"按钮切换到造型区，将图片命名为"1"。

另外我们还需要为蝙蝠设计一个合并翅膀向下摆动的造型图片。在素材包中找到"神鸡编程环游记/素材包/第3课"的"角色-蝙蝠-造型2"，上传到造型区，并命名为"2"。

继续 →

3. "蝙蝠"袭击

（1）初始化"蝙蝠"

蝙蝠是从教堂的远处向申小吉飞过来的，所以我们首先需要将蝙蝠置于教堂的远处。那如何将蝙蝠置于教堂的远处呢？这里我们需要通过控制蝙蝠的位置以及大小来达到让蝙蝠位于教堂远处的效果。

同学们想象一下，当我们看离我们很远的物体时，其大小是不是要远远地小于这个物体离我们很近的时候。因此，教堂远处的蝙蝠在申小吉的眼里也是很小的，我们需要用到"外观类别"中的"将大小设为"积木块，改变蝙蝠的大小。

继续 →

将大小设置为多少呢？首先尝试一下将大小设置为100，单击积木块后，我们可以发现这时蝙蝠的大小并没有改变。我们改变大小值，设置为50，这时是不是发现蝙蝠的大小缩小了一半？我们因此得知当数字设置得越小时，角色的大小也就越小。我们将大小设置为1，蝙蝠就变得非常小了，这样眼中的蝙蝠看上去就离我们非常远了。

还需要用到"运动类别"中的"移到x：y："积木块，将x设置为42，y设置为5，让蝙蝠位于教堂远处的门中间，构造出蝙蝠从门外飞入的场景。再将"移到x：42 y：5"积木块拼接到"将大小设为1"的积木块下方。

拼接好积木后，单击积木块，我们在舞台区便能看到蝙蝠位于教堂的远方。这样我们就完成了蝙蝠的初始化。

继续 →

（2）"蝙蝠"向申小吉飞过来

继续想象一下，当一个物体从远处飞来，离我们越来越近的时候，在我们眼中的这个物体是不是变得越来越大。因此，我们需要通过积木让蝙蝠变得越来越大，构造出蝙蝠向申小吉飞来的动画。我们需要用到以下3种积木块：

·使用"外观"类别中"将大小增加10"，控制让蝙蝠变大，每次增加值为10；

·使用"控制"类别中"重复执行20次"，用来控制蝙蝠循环变大；

·使用"控制"类别中"等待0.1秒"，用来控制让蝙蝠变大的速度，等待时间为0.1秒。

将积木块按照下图中的结构顺序拼接起来，因为我们需要让蝙蝠一点一点地变大，因此用"重复执行20次"积木块包裹住"等待0.1秒"和"将大小增加10"积木块。最后不要忘记加上控制开关，将"当 ▶ 被点击"积木块放在最上面。

继续 →

让我们看一下效果吧，单击舞台区上方的 ⚑，就可以看到蝙蝠从教堂的远方向我们飞过来。

（3）"蝙蝠"摆动翅膀

细心的同学可能已经发现了，蝙蝠飞过来的时候并没有摆动翅膀。现在，我们想让蝙蝠摆动翅膀。让蝙蝠摆动翅膀的方法和我们在第二课中学到的让钟表转动的方法类似，需要用到"重复执行"积木块，将蝙蝠的两个造型循环切换。

首先利用"换成1造型"积木块将蝙蝠的造型初始化为造型1，然后用"重复执行"积木块包裹住"等待1秒"和"下一个造型"积木块，将"等待1秒"积木块的值设置为0.05，最后将"当 ⚑ 被点击"积木块拼接到最上面。

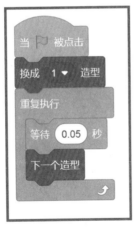 

让我们看一下效果吧，单击舞台区上方的 ⚑，我们发现此时的蝙蝠会摆动着翅膀向我们飞过来。

继续 →

4. "蝙蝠"发出可怕的声音

（1）导入角色声音素材

蝙蝠会发出可怕的声音，因此我们还需要为角色"蝙蝠"导入可怕的声音。通过前两课的学习，相信你已经可以非常熟练地导入声音了。在素材包中找到"神鸡编程环游记/素材包/第3课"的"角色音乐"，并上传导入，将声音命名为"可怕的声音"。

（2）循环播放声音

蝙蝠在摆动翅膀的过程中会反复地发出可怕的声音，因此我们将"播放声音 可怕的声音"积木块拼接到"下一个造型"积木块后。

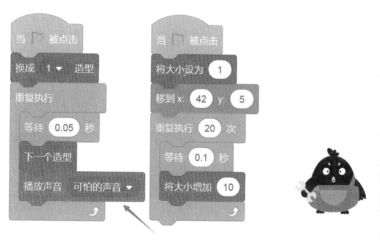

5. "蝙蝠"对申小吉说"妙算子~"，停止飞行

找到"外观类别"中的"说你好2秒"积木块，将积木块中说的内容改为"妙算子~"，时间改为1秒，并将该积木块拼

继续 →

接到"重复执行20次"积木块下。当蝙蝠说完"妙算子~"后，需要停止飞行，这里需要用到"控制"类别中的"停止全部脚本"积木块，将它拼接到"说 妙算子~1秒"积木块下。

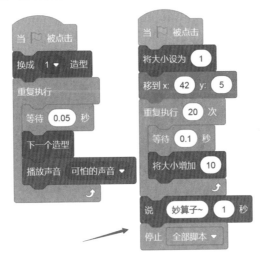

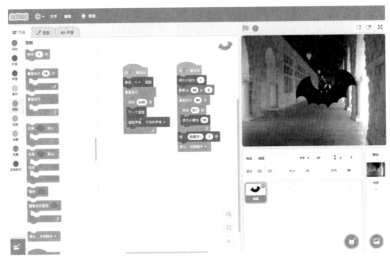

大功告成，点击 🚩 看看我们完成的作品吧！恭喜你完成了作品《意大利罗马，突遇蝙蝠袭击》！

挑战自我

1. 将蝙蝠的初始位置由教堂门口改成教堂的房顶

    提示：尝试修改积木里面的数值（比如将积木里的y值改成 50，见下图）。

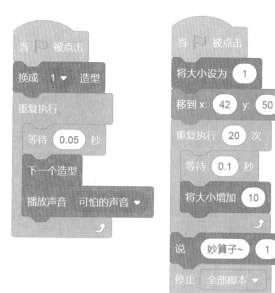

2. 让蝙蝠飞行的速度变慢

提示：尝试修改积木里面的数值（比如把"等待0.1秒"积木里的值改成1，见下图）。

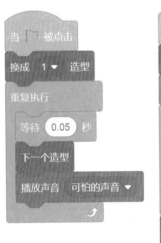

编程英语

英文	中文
Italy	意大利
bat	蝙蝠
wing	翅膀
Rome	罗马
attack	袭击
fly	飞

知识宝箱

下图是我们本节课所涉及的所有知识点。

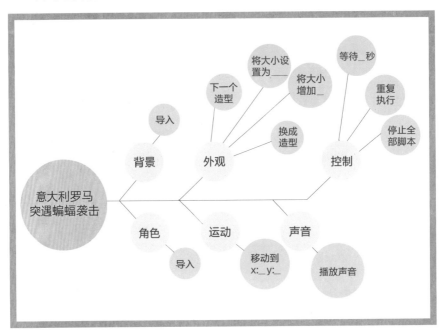

　　看到突然袭击的蝙蝠，申小吉原想着躲开，但他定睛一看，发现蝙蝠的下方吊着一颗紫色的"妙算子"。看来许愿池真的帮他实现了愿望，终于找到第二颗"妙算子"了！这时，蝙蝠又给申小吉叼来了一张卡片，上面写着"好莱坞"。

第四课

美国好莱坞，重现猫捉老鼠

不要试图做一个成功的人，要努力成为一个有价值的人。

——爱因斯坦

阿尔伯特·爱因斯坦（Albert Einstein，1879—1955）犹太裔物理学家，出生于德国乌尔姆市的一个犹太人家庭（父母均为犹太人）。1900年，毕业于苏黎世联邦理工学院，入瑞士国籍；1905年，获苏黎世大学物理学博士学位。爱因斯坦提出光子假设，成功解释了光电效应，因此获得1921年诺贝尔物理学奖。1905年，创立狭义相对论；1915年，创立广义相对论。爱因斯坦开创了现代科学技术新纪元，被公认为是继伽利略之后最伟大的物理学家。

1999年12月，爱因斯坦被美国《时代周刊》评选为20世纪的"世纪伟人"。

网约飞机把申小吉送到了好莱坞——一个世界闻名的电影中心，每年在此举办的奥斯卡金像奖颁奖典礼是世界电影的盛会。申小吉开始幻想着这回是不是可以参加奥斯卡金像奖颁奖典礼……

　　突然，他被路旁一个正在播放动画片的电视屏幕吸了过去。掉进电视屏幕里的申小吉发现自己出现在《猫和老鼠》的动画里，只见汤姆（猫角色的名字）又在追着杰瑞（老鼠角色的名字）跑了。申小吉决定帮助杰瑞一把，不让它被汤姆抓到。

　　让我们一起来完成作品《美国好莱坞，重现猫捉老鼠》吧！

思维导图

项目规则

　　为了帮助杰瑞逃离汤姆的抓捕，申小吉让杰瑞紧跟着鼠标移动，鼠标移动到哪儿，杰瑞就跑到哪儿。

　　汤姆紧跟着杰瑞，杰瑞往哪个方向逃跑，汤姆就往哪个方向追。

思维导图

美国好莱坞
重现猫捉老鼠

├ 舞台背景 ── 导入背景素材

├ 角色"杰瑞" ── 导入角色造型素材 ── 上传角色"杰瑞"
│　　　　　　　　"杰瑞"跟着鼠标移动

└ 角色"汤姆" ── 导入角色造型素材 ── 上传角色"汤姆"
　　　　　　　　"汤姆"追捕"杰瑞"

编程大作战

1. 导入背景素材

在动画片《猫和老鼠》中，汤姆是主人养的宠物猫，而杰瑞是主人家的老鼠，汤姆和杰瑞的故事发生在主人的家中，我们选择主人的卧室作为我们要完成作品的背景。素材包中已经为我们准备好了背景图片，打开Scratch，在素材包中找到"神鸡编程环游记/素材包/第4课"的"背景图片"，并在Scratch中的背景区导入这张背景图片。

2. 角色"杰瑞"

（1）导入角色造型素材

申小吉要帮助杰瑞逃脱汤姆的抓捕，因此我们需要导入作品的主角"杰瑞"。删除掉Scratch自带的角色"猫"，在素材包中找到"神鸡编程环游记/素材包/第4课"的"角色-老鼠-造型1"，通过Scratch中的角色区上传到我们的项目当中，命名为"杰瑞"，将杰瑞的大小设置为30。

继续 →

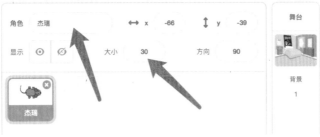

　　我们还需要为杰瑞添加不同的造型，单击造型按钮切换到造型区，将角色图片命名为"1"。在素材包中找到"神鸡编程环游记/素材包/第4课"的"角色-老鼠-造型2"，上传到造型区，并将这个造型命名为"2"。

　　（2）"杰瑞"跟着鼠标移动

　　为了帮助杰瑞逃离汤姆的抓捕，申小吉让杰瑞紧跟着鼠

继续 →

标移动，鼠标移动到哪儿，杰瑞就跑到哪儿。那我们如何在Scratch中让杰瑞跟着鼠标移动呢？我们需要在脚本区用到以下3种积木块：

• 使用"控制"类别中的"重复执行"，用来控制杰瑞循环跟着鼠标移动；

• 使用"运动"类别的"移到鼠标指针"，可以控制杰瑞移动到鼠标的位置（这个积木块同学们第一次接触，点击"移到随机位置"积木块的下三角按钮，在出现的下拉框中选择鼠标指针）；

• 使用"外观"类别的"下一个造型积木"，来控制杰瑞在移动过程中变换造型。

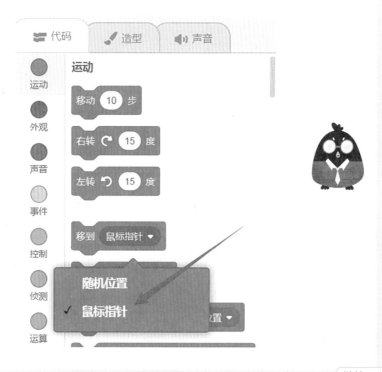

继续 →

用"重复执行"积木块包裹住"移到鼠标指针"和"下一个造型"积木块，再将"当 🏳 被点击"积木块放置在最上方，为杰瑞跟着鼠标移动添加控制开关。

单击舞台区上方的 🏳，让我们看一下效果吧！同学们是不是发现这时杰瑞会跟着我们的鼠标移动？

3. 角色"汤姆"

（1）导入角色造型素材

完成了"杰瑞"这个角色，我们作品的第二个主角"汤姆"要登场了。在素材包中找到"神鸡编程环游记/素材包/第4课"的"角色-猫"，通过Scratch中的角色区上传到我们的项目当中，在角色区将上传的角色命名为"汤姆"，设置汤姆的大小为60。

（2）"汤姆"追捕"杰瑞"

完成了角色的导入后，我们需要让汤姆追捕杰瑞。在角色区单击角色"汤姆"，在代码区，我们需要用到以下4种积木：

继续 →

·使用"控制"类别区的"重复执行"积木，来控制汤姆循环追捕杰瑞；

·使用"运动"类别区的"在1秒内滑行到x：y："，来让汤姆运动起来；

·从"侦测"类别区选择"鼠标的x坐标"和"鼠标的y坐标"，来控制汤姆朝着杰瑞运动。

将"在1秒内滑行到x：y："积木块中的时间值设置为0.5秒，将"鼠标的x坐标"积木块拖动到"在0.5秒内滑行到x：y："积木块的x值中，将"鼠标的y坐标"积木块拖动到"在0.5秒内滑行到x：y："积木块的y值中，并用"重复执行"积木块包裹，再将"当 ▶ 被点击"积木块放置在最上方。

单击舞台区上方的 ▶，我们可以看到汤姆会朝着杰瑞的方向移动。聪明的同学肯定发现了我们现在的作品有点儿问题，汤姆在移动的时候并没有面向移动的方向，就好比我们向左边走动，但我们的身体却面向右边，这非常奇怪。因此，我们想让汤姆在移动前朝向要移动的方向还需要用到以下两个积木块：

·从"运动"类别区选择"将旋转方式设为任意旋转"，

继续 →

使用这个积木块允许汤姆朝任何方向旋转（点击"将旋转方式设为左右翻转"积木块中的下三角按钮，在出现的下拉框中选择"任意旋转"）；

  •从"运动"类别区选择"面向杰瑞"，用来控制汤姆要移动的方向（点击"面向鼠标指针"积木块中的下三角按钮，在下拉框中选择"面向杰瑞"）。

按照下图所示拼接积木块。

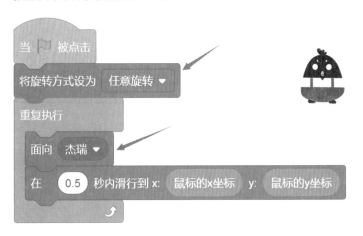

最后，点击 🚩 看看我们完成的作品吧！恭喜你，完成了作品《美国好莱坞，重现猫捉老鼠》！

挑战自我

1. 放慢追捕速度，杰瑞逃脱魔爪

提示：尝试修改积木里面的数值（比如将角色汤姆的"在0.5秒内滑行到x：鼠标的x坐标y：鼠标的y坐标"积木块中的0.5秒设置成2秒，见下图）。

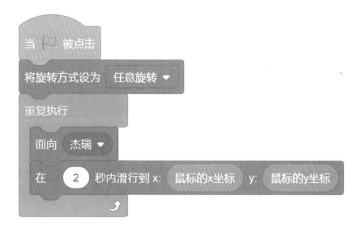

2. 汤姆追捕杰瑞的时候不断地说："杰瑞，站住！"

  提示：尝试在原有积木中添加积木块（比如在角色汤姆的
脚本区添加"说杰瑞，站住！"积木块，见下图）。

编程英语

英文	中文
America	美国
cat	猫
catch	抓
Hollywood	好莱坞
mouse	老鼠
escape	逃跑

知识宝箱

以下是本节课的所有知识点。

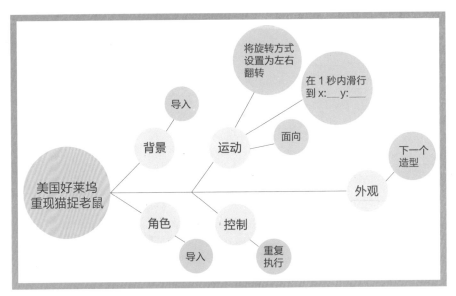

在申小吉的帮助下，杰瑞成功躲过了汤姆的追捕。杰瑞很感激帮助它逃过一劫的申小吉。作为回报，它把"妙算子"送给了申小吉，并告诉他下一个藏有"妙算子"的地点——美国硅谷。于是申小吉急急忙忙地跟新朋友杰瑞告别后，又向下一站出发了。

第五课

美国硅谷，体验自动驾驶 ∙∙∙∙∙∙∙∙∙∙

真正值得做的事，是加强我们对世界的了解，并对宇宙有更好的认识，而不是太过担心人生没有意义。

——埃隆·马斯克

埃隆·马斯克（Elon Musk），1971年6月28日出生于南非的行政首都比勒陀利亚（现名：茨瓦内），拥有加拿大和美国双重国籍，企业家、工程师、慈善家。现任太空探索技术公司（SpaceX）CEO兼CTO、特斯拉公司首席执行官、太阳城公司（Solar City）董事会主席。2013年11月21日，美国著名杂志《财富》揭晓了"2013年度商业人物"，特斯拉汽车CEO马斯克荣登榜首。2016年12月14日获得"2016年最具影响力CEO"荣誉。2017年12月4日，位列《彭博商业周刊》2017年度全球50大最具影响力人物榜单第43位。

美国硅谷是美国的科技研发中心，英特尔、苹果公司、谷歌、脸书、雅虎等高科技公司的总部都在此落户。这里一个世纪前还是一片果园，现在已经变成一个繁华的创新区了。

　　申小吉一下飞机，就被这里的各种领先科技所震撼。这次，他终于不用辛辛苦苦地来回奔跑寻找"妙算子"了。只见硅谷的天空中以3D全息投影技术为申小吉弹出了4个选项：人工智能、自动驾驶、区块链、生物医药。这4个方向是硅谷目前最为关注的研究方向，与人类未来的发展息息相关。

　　申小吉想了想，人工智能和自动驾驶都可以通过编程来实现，而区块链和生物医药却不是他在行的。最后出于能耍帅的考虑，他用手指往空中轻轻一点，选择了自动驾驶。

　　让我们一起来完成作品《美国硅谷，体验自动驾驶》吧！

思维导图

项目规则

汽车从右上角道路开始的位置沿着车道从右往左自动行驶。

汽车在行驶到需要向左拐弯的左拐路口时会自动向左拐弯。

汽车在行驶到需要向右拐弯的右拐路口时会自动向右拐弯。

思维导图

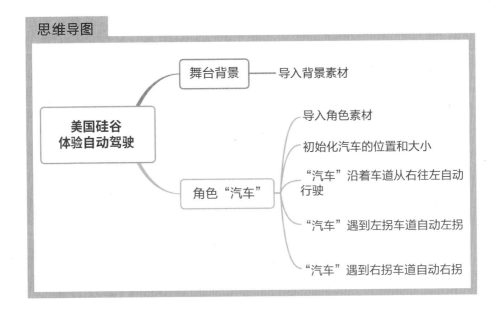

编程大作战

1. 导入背景素材

美国硅谷是一个繁华而富有科技感的地方，而申小吉要体验的自动驾驶汽车便行驶在硅谷的街道上。因此，我们需要为作品导入有高楼大厦和宽广街道的背景图片。素材包中已经为我们准备好了所有素材。打开Scratch，在素材包中找到"神鸡编程环游记/素材包/第5课"的"背景图片"，并在Scratch中的背景区导入这张背景图片。

2. 角色"汽车"

（1）导入角色素材

首先，我们需要导入作品的主角"汽车"，删除掉Scratch自带的角色"猫"，在素材包中找到"神鸡编程环游记/素材包/第5课"的"角色-汽车"，通过Scratch中的角色区上传到我们的项目当中，命名为"汽车"。

（2）初始化汽车的位置和大小

同学们都知道日常生活中的汽车在大街上只能行驶在机动车道，不能行驶在非机动车道，我们在初始化汽车的位置和大小时也要遵循这个交通法规。我们在脚本区通过积木块设置汽

继续 →

车的位置和大小。

　　将汽车大小设置为40，将"移到x：y："积木块中的x值设置为210，y值设置为80。加上开关"当 ▢ 被点击"积木块作为开关。点击 ▢ ，我们可以发现，汽车便位于舞台右上角道路的起始位置了。

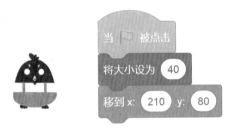

（3）"汽车"沿车道从右往左行驶

　　现在我们想让汽车沿着车道从右往左行驶，需要用到"重复执行"积木块和"移动1步"积木块，让移动1步重复执行。按照下图所示组合好积木块。

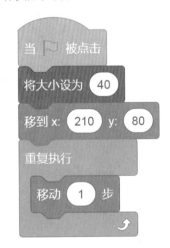

　　点击 ▢ ，有没有发现汽车行驶的方向反了？在Scratch中，

继续 →

角色移动的方向默认是从左往右，而我们想让汽车从右往左行驶。所以，我们需要让汽车掉一个头，利用"运动"类别中的"面向90方向"积木块，将值设置为-90，将积木块置于"当 ▶ 被点击"下方。

再点击 ▶ 看看效果，我们可以看到汽车从右往左缓慢地行驶。

（4）"汽车"遇到左拐车道自动左拐

你一定已经发现了，如果只是让汽车一直往左行驶到了第一个需要左拐的路口，汽车不会自动向左拐弯，就会驶出车道，这样是不行的。那如何让汽车在遇到左拐路口时能够自动左拐呢？在这里，我们需要用到以下3种积木块。

• 从"控制"类别区中选择"如果（　）那么（　）"，用来控制如果满足一定的条件，则执行积木块里包裹的积木内容。在这里对我们来说，这个"一定的条件"就是遇到了需要左转的路口，那么汽车需要做出的相应反应，也就是需要朝左转弯。

继续 →

· 从"侦测"类别区选择"颜色（　）碰到（　）？"，用来判断两种颜色是否有接触，我们需要用到它帮助汽车判断是否到了左转路口。那如何判断呢？请仔细观察，当汽车行驶到要左拐路口时，汽车如果继续前行到前方"紫色"的上车头就会超出车道，与"灰色"的车道外部分相接触。这时，汽车就需要往左拐弯了。

因此，我们需要将"颜色（　）碰到（　）？"积木块的两种颜色设置为"紫色"和"灰色"，Scratch为我们提供了"颜色拾取器"帮助我们快速地设置这两种颜色。如下图所示，点击积木块左边第一个颜色选择区域，在下拉框中点击红框里的"颜色拾取器"。

继续 →

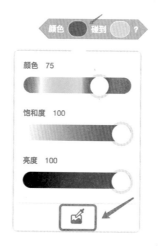

　　在点击之后，我们发现舞台区变亮了，其他区域都变成了灰色。当鼠标移动到舞台区时，会出现放大镜，我们将鼠标移动到汽车前方紫色的上车头位置，让放大镜中的小圆圈停在紫色的上车头位置，单击左键，这样就完成了第一个颜色的选择。

继续 →

用同样的方法，利用"颜色拾取器"，设置积木块中的第二种颜色——车道外部分的"灰色"。

我们将设置好的"颜色（　　）碰到（　　）？"积木块拼接到"如果（　　）那么（　　）"积木块的条件部分中。这样，我们利用这两种积木块，完成了对于左拐弯的检测。

• 从"运动"类别区选择"左转15度"，用来控制当遇到左拐路口时，让汽车慢慢地向左转动，每次向左转动15度。

将"左转15度"积木块拖动到"如果（　　）那么（　　）"下方，表示汽车如果碰到左转路口，会缓慢向左转动。按照下图拼接好积木块，点击 🚩 看看效果吧！我们发现汽车在第一个左转路口时会自动向左拐弯。

继续 →

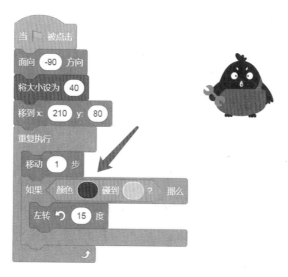

（5）"汽车"遇到右拐车道自动右拐

汽车只有左拐是不够的，还需要能自动右拐。而车道的第二个路口就是右拐路口，相信善于思考的你已经知道如何完成遇到右拐车道自动向右拐了。和左拐时类似，汽车行驶到第二个右拐路口时，前方"紫色"的上车头会接触到车道外部分的"灰色"

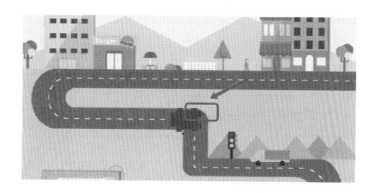

继续 →

和完成汽车左拐的方法类似，我们可以完成右拐积木块的搭建。与左拐不同的是，这里要用到"右转15度"积木块。

将拼好的向右转的积木块拼接到之前已经完成的向左转积木块下方，用"重复执行"积木块包裹住。

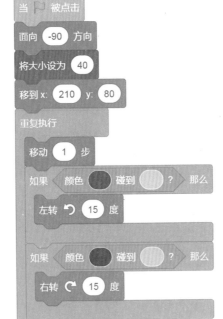

最后，点击 🚩 看看我们完成的作品吧！恭喜你完成了作品《美国硅谷，体验自动驾驶》！

挑战自我

1. 申小吉觉得自动驾驶汽车的速度太慢了，想让速度变快

提示：尝试修改积木里面的数值（比如把"移动1步"积木里的值改成3，见下图）。

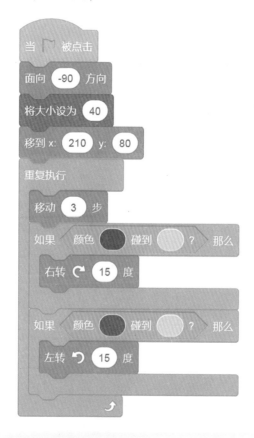

2. 在第一个路口的大厦停车

　　提示：尝试删除"右转15度"积木块，将"左转15度"积木块换成"停止全部脚本"积木块，见下图。

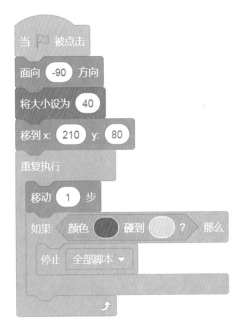

编程英语

英文	中文
Silicon valley	硅谷
technology	技术
automatic	自动的
science	科学
car	汽车
drive	驾驶

知识宝箱

以下就是本节课的所有知识点了。

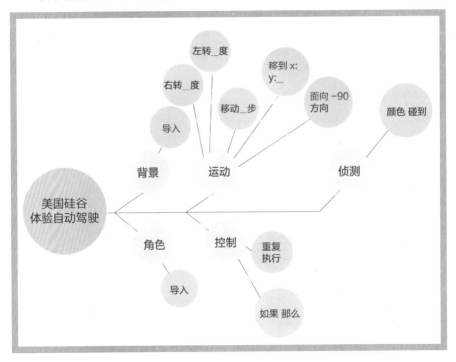

完成了自动驾驶任务的申小吉得意地以自认为很帅的姿势甩了甩头发。这时，一台小型的无人机灵敏地向申小吉飞来，并投下一个小盒子。盒子里装着的正是一颗"妙算子"。这时，空中又弹出新的指令："恭喜过关！请向德国汉诺威出发吧！"

德国汉诺威，公园惬意遛狗

把问题说清楚，问题就解决了一半。

——查尔斯·凯特灵

查尔斯·凯特灵（Charles Kettering）"创新之父"，美国发明家、工程师、商人，拥有186项专利。在通用汽车开创了一个时代之后，技术革新便成为这家全球知名汽车制造商的核心理念。凯特灵于1916年正式加入通用汽车公司。1920年，他成为业内首家专业汽车技术研发机构——通用汽车研究实验室的负责人。在他的领导下，通用汽车众多具有里程碑意义的创新技术研发均走在了业界的最前列。他是1933年《时代》杂志封面人物。30多所大学授予他荣誉博士学位。

德国汉诺威？这还是我第一次听到这个城市。申小吉心里想着，不知道这次又会遇到什么。

　　刚一落地，申小吉就察觉到这个城市的与众不同了。大街上几乎每个人都牵着一条狗——各种品类的狗都有，从小只的吉娃娃、博美，到贵宾、巴哥，再到大只的边境牧羊犬、斗牛犬，甚至有站起来比大人还高的哈士奇、阿拉斯加等。原来，这些人都赶来汉诺威参加一年一度的国际宠物狗展览会。

　　这次，申小吉的任务就是——遛狗，为参加展览会做准备。

　　让我们一起来完成作品《德国汉诺威，公园惬意遛狗》吧！

思维导图

在汉诺威的公园里，小狗紧跟在主人的身后，主人走到哪，小狗就跟到哪。

主人和小狗在公园里来回走动，走到公园的尽头则往回走。

思维导图

德国汉诺威
公园惬意遛狗

- 舞台背景 —— 导入背景素材

- 角色"主人"
  - 导入角色造型素材 —— 上传角色和造型图片
  - 初始化"主人"
  - "主人"在公园里散步
  - 走到公园边缘就往回走

- 角色"小狗"
  - 导入角色造型素材 —— 上传角色和造型图片
  - 初始化"小狗"
  - "小狗"紧跟在主人身后

编程大作战

1. 导入背景素材

汉诺威的公园非常安静和惬意，我们需要将公园作为背景图片导入，打开Scratch，在素材包中找到"神鸡编程环游记/素材包/第6课"的"背景图片"，并在Scratch中的背景区导入这张背景图片。

2. 角色"主人"

（1）导入角色造型素材

导入角色"主人"。删掉Scratch自带的角色"猫"，在素材包中找到"神鸡编程环游记/素材包/第6课"的"角色-人-造型1"，通过Scratch中的角色区上传到我们的项目当中，并命名为"主人"。

主人散步有多种造型，有右手挥向前左脚迈出的造型，有左手挥向前右脚迈出的造型等，素材包已经为我们准备好了这些造型。单击造型切换到造型区，将已经上传的角色图片作为第一个造型命名为"1"。在素材包中找到"神鸡编程环游记/素材包/第6课"，将"角色-人-造型2""角色-人-造型3"和"角色-人-造型4"3张图片依次上传，并将导入的造型依次命名为2、3、4。

继续 →

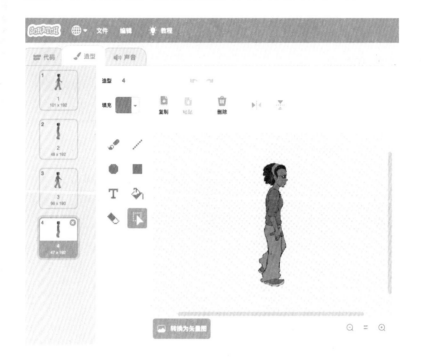

（2）初始化主人

导入角色"主人"素材后，要初始化主人的位置和大小。利用"外观"类别的"将大小设为100"积木块初始化角色的大小，然后利用"移到x：y："积木块初始化角色的位置，将x值设置为-120，y值设置为0。在最上方加上开关控制"当 🚩 被点击"积木块。

继续 →

（3）主人在公园里散步

完成角色的初始化之后，接下来要让主人动起来，在公园里散步。通过前面课程的学习，相信聪明的同学们已经知道如何利用积木完成"主人散步"的效果了。同样需要利用我们之前反复使用的"重复执行"积木块，同时还需要利用"运动"类别的"移动10步"积木块。在移动的时候，我们还需要考虑到角色造型的切换，因此需要用到"外观"类别中的"下一个造型"积木块。此外，用"等待1秒"积木块来控制主人散步的速度，将值设置为0.2，以此让角色循环地移动和切换造型。

（4）走到公园的边缘便往回走

当主人散步走到公园的边缘时，需要回过头来往反方向走。这里我们要用到一个前几节都没有用到的积木块——"碰到边缘就反弹"，位于"运动"类别，当角色走到舞台的边

继续 →

缘时，就会往回走。同时我们还想控制反弹时候角色的旋转方式，这里需要使用将"旋转方式设为左右翻转"积木块，让角色反弹时按照左右方式旋转。

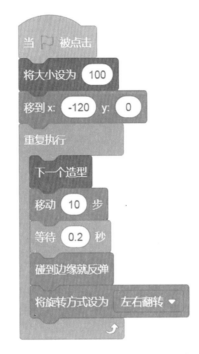

3. 角色"小狗"

（1）导入角色造型素材

在素材包中找到"神鸡编程环游记/素材包/第6课"的"角色-狗-造型1"，通过Scratch中的角色区上传，并命名为"小狗"。同时将"角色-狗-造型2"和"角色-狗-造型3"两个造型图片上传到角色"小狗"的造型区，分别命名为2和3，并将第1个造型图片命名为1。

继续 →

（2）小狗紧跟在主人身后

小狗的散步方式和主人是一样的，只是初始位置不同，小狗是跟在主人身后。因此，角色"小狗"所用的积木和脚本"主人"所用到的积木是一样的，拼接方式也一样。因此，我们需要把角色"主人"中的积木块复制一份到角色"小狗"。在脚本区右键单击"主人"积木块，在下拉框中选择"复制"。

将"复制"的积木块拖动到角色区的角色"小狗"上，便完成了积木块的复制功能。

继续 →

为了让画面更和谐，需要对小狗的积木块做少许的修改，将"将大小设置为100"积木块的值设置为35。由于小狗紧跟在主人身后的，因此初始位置也需要修改，将"移到x:-120 y:0"积木块中x和y的值分别改成-215和-55。

最后，点击下 🚩 看看我们完成的作品吧！恭喜你完成了作品《德国汉诺威，公园惬意遛狗》！

挑战自我

1. 跑到前面的小狗

提示：尝试修改积木里面的数值（比如将角色小狗的"移动10步"积木里的值改成15，见下图）。

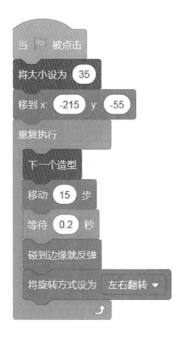

2．在遛狗的时候，小狗会不断发出"汪"的声音

提示：在素材包中找到"神鸡编程环游记/素材包/第6课"的"角色-狗-声音-汪"，导入并命名为"汪"。在小狗的代码区中添加"播放声音汪"积木块。

编程英语

英文	中文
Germany	德国
dog	狗
walk the dog	遛狗
Hanover	汉诺威
park	公园
copy	复制

知识宝箱

下面就是我们本节课所学的知识点。

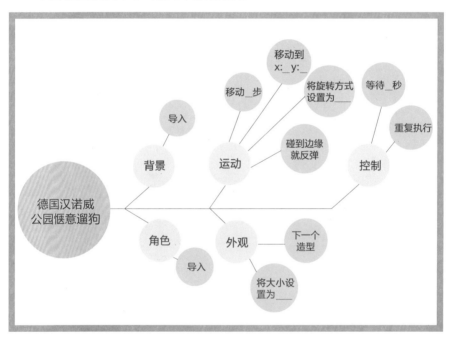

申小吉带着狗成功混入了展览会，并在会场中央发现了一只很抢眼的紫色小狗。小狗的嘴巴中刚好叼着"妙算子"。拿到"妙算子"后，这一关终于也通过了。这时，申小吉发现，小狗的尾巴上绑着新的任务卡，上面写着"巴塞罗那"。

第七课

西班牙巴塞罗那，与足球明星对决

至繁归于至简。

——达·芬奇

莱昂纳多·迪·皮耶罗·达·芬奇，（1452—1519），意大利著名的画家、数学家、解剖学家、天文学家，与拉斐尔、米开朗琪罗并称意大利"美术三杰"（文艺复兴后三杰），也是整个欧洲文艺复兴时期的代表之一。

他学识渊博、多才多艺，是一个博学者，在绘画、音乐、建筑、数学、几何学、解剖学、生理学、动物学、植物学、天文学、气象学、地质学、地理学、物理学、光学、力学、发明、土木工程等领域都有显著的成就。他全部的科研成果保存在他的手稿中，大约有15 000页。爱因斯坦认为，达·芬奇的科研成果如果在当时就发表的话，科技可以提前半个世纪。现代学者称他为"文艺复兴时期最完美的代表"，是人类历史上绝无仅有的全才。

一提起"巴塞罗那",世界各地的人都会马上想起"足球"。因为,巴塞罗那队实在太出名了,其头号球星梅西更是全球闻名的。听说,在巴塞罗那,大多小学生都会踢足球。

可是,申小吉一直待在天上呀。他连足球怎么踢的都不知道,既着急又纳闷:怎么办,我这次的任务肯定是跟足球有关,得先练练才行。

这不,对足球完全不熟悉的申小吉已经开始了疯狂的足球练习。

让我们一起来完成作品《西班牙巴塞罗那,与足球明星对决》吧!

思维导图

球迷们的欢呼声响彻球场。

足球在球场上滚动，碰到球场边缘后反弹。

球员在球场上追着足球跑，足球滚动到哪，运动员便追到哪。

思维导图

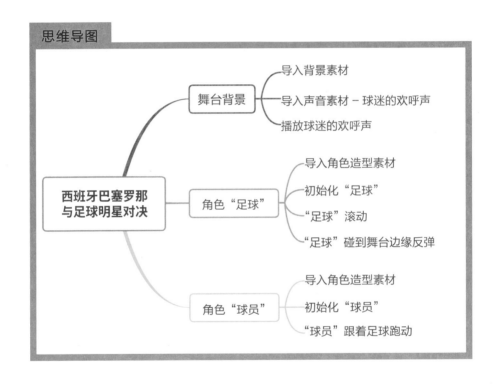

西班牙巴塞罗那
与足球明星对决

舞台背景
- 导入背景素材
- 导入声音素材 - 球迷的欢呼声
- 播放球迷的欢呼声

角色"足球"
- 导入角色造型素材
- 初始化"足球"
- "足球"滚动
- "足球"碰到舞台边缘反弹

角色"球员"
- 导入角色造型素材
- 初始化"球员"
- "球员"跟着足球跑动

编程大作战

1. 舞台背景

（1）导入背景素材

我们需要把足球场作为背景导入到舞台区，Scratch为我们提供了丰富的背景素材，这一课的作品，我们从Scratch的背景素材库中选择。在舞台区单击"选择一个背景"按钮。

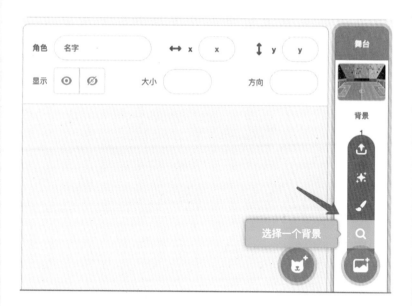

在弹出的对话框里，选择"运动"，然后再选择我们需要的背景"Soccer 2"（足球）。

继续 →

（2）导入声音素材

球场上会有球迷欢呼和呐喊的声音，因此我们需要为舞台背景添加声音。这里我们从Scratch的声音库中选择。单击"声音"切换到声音区，单击"选择一个声音"按钮。

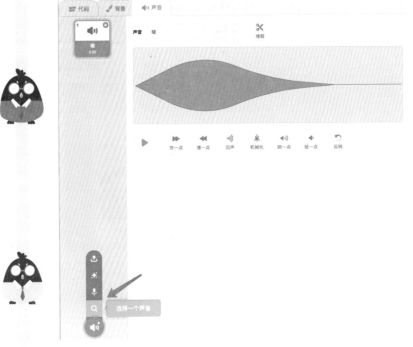

继续 →

在弹出的对话框里，选择"运动"，然后再选择我们需要的声音"Cheer"（欢呼）。

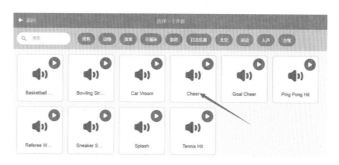

（3）播放球迷的欢呼声

接下来，我们需要播放刚才选择的声音。在代码区利用"播放声音Cheer等待播放完"积木块来播放声音，然后加上"当 ▶ 被点击"积木块。

点击 ▶ 我们便能听到球场上球迷的欢呼声了。

2. 角色"足球"

（1）导入角色造型素材

Scratch中为我们提供了足球的素材，我们可以从素材库中选择。在角色区中单击"选择一个角色"按钮。

继续 →

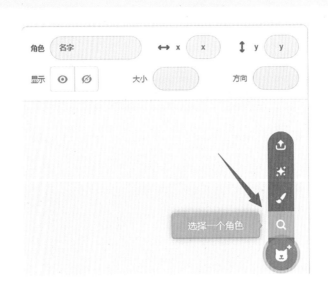

在运动区中选择"Soccer Ball"图片导入角色。将角色命名为"足球"。

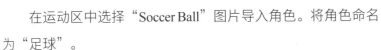

（2）初始化"足球"

导入的足球在球场上显得太大了，首先我们需要初始化足球的大小，利用代码区中"外观"类别中的"将大小设为

继续 →

100"积木块，将大小值设置为60。一场足球比赛开球的位置位于球场中场的小圆圈。因此，这个位置是足球的起始位置。利用"移到x:y:"积木块，将x值设置为0，y值设置为-78。

（3）"足球"滚动

完成初始化后，我们需要让足球滚动起来。首先为足球的滚动选择一个方向，利用"运动"类别中的"面向90方向"积木块，将值设置为45，让足球沿着45度的方向滚动。想让足球持续滚动，则需要用到"重复执行"和"移动10步"积木块。将这些积木块按照下图的方式拼接。

继续 →

（4）"足球"碰到舞台边缘反弹

当足球滚动到舞台球场的边缘时，需要让足球反弹回来。利用"运动"类别中的"碰到边缘就反弹"积木块来完成。

点击 🏳，看一下足球在球场上滚动的效果吧！

3. 角色"球员"

（1）导入角色造型素材

和导入角色"足球"造型一样，我们在舞台区单击"选择一个角色"按钮，在弹出的对话框里，选择"运动"，然后再选择我们需要的角色"Ben"（球员），将角色命名为"球员"。

继续 →

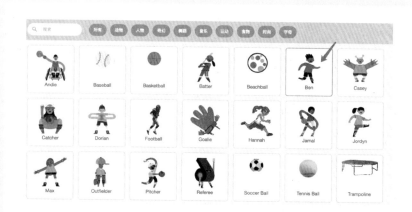

在造型区内可以看到导入的球员角色已经有4个造型，在后面我们需要用到这4个造型。

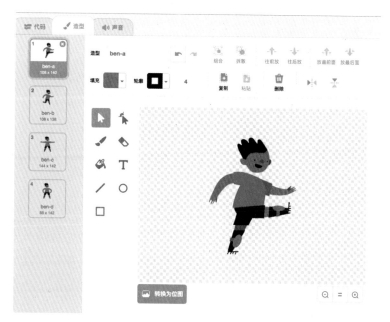

继续 →

（2）初始化"球员"

导入的球员在球场上显得太大了，我们需要适当地缩小一下球员的大小。利用"将大小设为100"积木块，将大小值设置为60。将球员初始化的位置设置为中场开球的位置，将"移到x：y："积木块中的x值设置为-30，y值设置为-60。球员会追逐着足球在球场上来回跑动，我们还需要初始化球员旋转的模式，利用"运动"类别中的"将旋转方式设置为左右翻转"积木块来完成。将这些积木块按顺序进行拼接，便完成了球员的初始化。

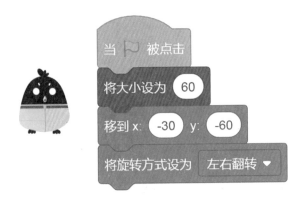

（3）"球员"跟着球跑动

最后，我们需要让球员跟着足球跑动。同学们回忆一下，我们在第4课《美国好莱坞，重现猫捉老鼠》里，让猫跟着老鼠移动，和这里球员与足球的运动关系是一样的。所以，我们需要用到"重复执行"积木块，同样也需要用到"面向鼠标指针"积木块，这里，将面向的内容选择为足球，让球员跟着足球的方向跑动。用"移动10步"和"等待1秒"积木块让球员跑动起来，将"等待1秒"积木块的时间设置为0.05，让球员追

继续 →

逐足球的速度变得快一些。在重复执行时需要利用"下一个造型"积木块切换球员的造型，因为在跑动的过程中需要不断地变换造型。按照下图的拼接方式将用到的积木进行拼接。

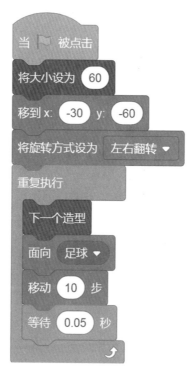

最后，点击下 🚩 看看完成的作品吧！恭喜你完成了作品《西班牙巴塞罗那，与足球明星对决》！

挑战自我

1. 比赛中的计时器

提示：在舞台背景代码区增加积木块，建立变量命名为时间，将时间初始化为0，循环让时间增加1后再等待1秒。

2. 设置10秒后，停止比赛

提示：在舞台背景代码区增加积木块，利用"等待10秒"和"停止全部脚本"积木块。

编程英语

英文	中文
Spain	西班牙
cheer	欢呼
player	球员
Barcelona	巴塞罗那
soccer	足球
goal	进球

知识宝箱

下面是本节课的所有知识点。

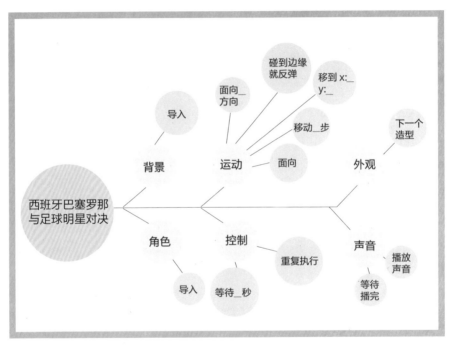

　　果然，这次申小吉的任务是要跟足球明星队伍进行对决。幸好他提前进行了练习，并且在比赛过程中使用了法力（幸好裁判没看出来），居然率先踢进了一球。在进球后他又使用了时间推移的神仙技能，让比赛直接快进到倒数几秒，终于以1：0的成绩赢得了比赛。申小吉兴奋得学习电视里球星的模样把上衣脱了在球场奔跑，没跑几步，他就发现"妙算子"原来就悬挂在对方球门的上方，而球门后面的草地刻着"巴黎"两个大字。

第八课

法国大巴黎，不可思议的白鸽涂鸦

现实世界有其范畴，想象的世界则有无限可能。

——让-雅克·卢梭

让-雅克·卢梭（Jean-Jacques Rousseau，1712—1778），法国18世纪启蒙思想家、哲学家、教育家、文学家、民主政论家和浪漫主义文学流派的开创者，启蒙运动代表人物之一。主要著作有《论人类不平等的起源和基础》《社会契约论》《爱弥儿》《忏悔录》《新爱洛伊丝》《植物学通信》等。卢梭返归自然、崇尚自我、张扬情感的思想，开创了19世纪欧洲浪漫主义文学。许多诗人、作家都受到他的影响，就连歌德、雨果、乔治·桑、托尔斯泰都无一例外地声称自己是卢梭的门徒。

虽然在巴塞罗那是耍了小伎俩才赢的比赛，但脸皮厚的申小吉依然很开心，以至于在飞机快飞到巴黎的时候，他还在高兴地哼着小曲儿。

　　突然，飞机里响起的警报声打断了他的歌："由于前方飞行的鸽子过多，飞机暂时无法降落，请乘客在座位上耐心等候。"

　　申小吉忙看了看窗外，发现下面都是鸽子。鸽子实在太喜欢巴黎了！有人解释说是因为巴黎房子的用材跟鸽子原本搭建巢穴的岩石有些类似，再加上很多游客喜欢喂鸽子，吃喝都不愁，鸽子自然而然就留下来了。但是，巴黎这座随处都是古迹的城市，怎么能忍受被鸽粪覆盖呢？

　　申小吉发现，鸽子飞起来一点儿章法都没有，并不像燕子那样有秩序，所以难以管理。于是，他决定用编程来操纵鸽子飞行的方向，让它们可以根据自己设定的轨迹飞来飞去。

　　让我们和申小吉一起完成作品《法国大巴黎，不可思议的白鸽涂鸦》吧！

思维导图

在巴黎的街头，有一只噙着橄榄叶的神奇白鸽。

当鼠标滑过，白鸽便跟随着鼠标的足迹，在城市中飞翔，同时留下颜色不同、粗细不一的彩色足迹，为城市增添更多活力。

思维导图

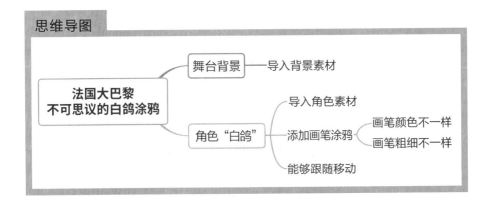

编程大作战

1. 导入背景素材

申小吉是在巴黎街头见到的白鸽，因此我们首先需要添加一个城市街头的背景。

在Scratch中找到背景区，鼠标移动到图标 上，在弹出的选项中找到"选择一个背景"选项，然后点击，进入到背景库。

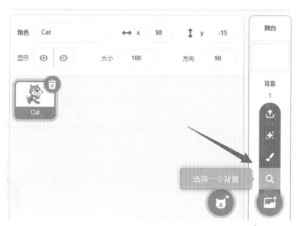

在弹出的对话窗的搜索框中输入met，选中第一个背景图，即可把背景图片加入Scratch中了。

　　经过前面的努力，Scratch中的背景出现了城市的样子，申小吉在巴黎街头的场景就呈现出来啦。

2. 导入角色素材

　　场景已经搭好，就差主角登场了！

　　切换至角色区，删除Scratch自带的角色"猫"，进入角色库，在搜索框中输入dov，选中并添加"白鸽"角色。

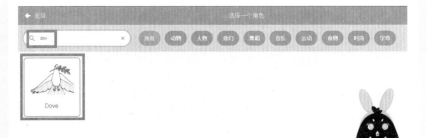

　　现在，白鸽已经出现在巴黎街头了。

3. 鸽子飞行轨迹

　　为了更好地管理鸽子，让鸽子的飞行轨迹可以被控制，需要用到以下积木：

　　•使用"面向鼠标指针"积木，控制鸽子的飞行轨迹。

继续 →

• 使用"移动10步"积木，设置鸽子的飞行速度，我们设置值为3。

• 使用"重复执行"积木，角色可以一直跟随鼠标移动。

4. 画笔初始状态

成功地控制了鸽子的飞行轨迹后，申小吉想：怎样才能实现让鸽子把飞行路线画出来呢？这就需要用到"画笔"积木了。可是"画笔"在哪呢？要怎么用呢？

在Scratch的代码区，除了列出的这些积木，如运动类、外观类、声音类等积木外，最下面还有一个"添加扩展"的按钮，点击可以进到Scratch的扩展积木界面。

点击"画笔"，即在代码区添加了"画笔"积木，可以使用画笔的功能。

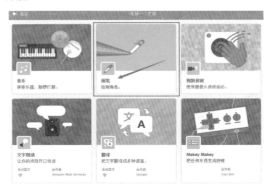

继续 →

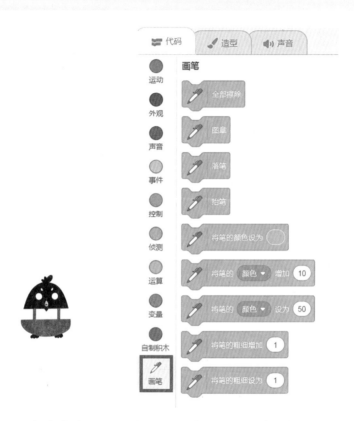

· 每次点击 🏳 时，将上一次的飞行轨迹全部擦除。

· 使用"将笔的颜色设为50"积木，设置画笔的初始颜色，值为15。

继续 →

5. 绘制飞行路线

•使用"将笔的颜色增加10"积木，将鸽子飞行轨迹的颜色设为渐变，值为1。

•使用"将笔的亮度增加10"积木，增加鸽子飞行轨迹的颜色亮度，值为1。

•从"运算"类别选择"在1和10之间取随机数"，将笔的粗细设为在1和10之间取随机数，设置鸽子涂鸦的画笔粗细，画笔可粗可细，最细为1，最粗为10。

•使用"落笔"积木，绘制出鸽子独特的飞行轨迹。

•使用"重复执行"积木，鸽子可以不断画出飞行路线。

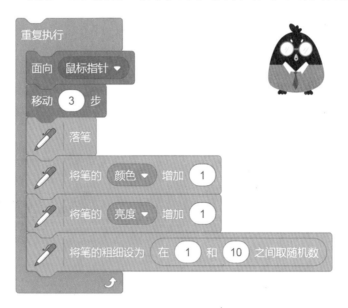

最后，点击下 🚩，移动鼠标看看我们完成的作品吧！

继续 →

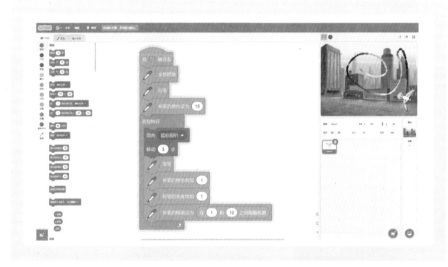

挑战自我

1. 鲜艳的飞行路线

　　提示：尝试修改积木里面的数值（比如"将笔的颜色增加1"积木里的值改成3，见下图）。

继续 →

2. 按照编队飞行的白鸽

提示：尝试在原有积木的基础上增加图章积木，让巴黎的
白鸽按照编队飞行。

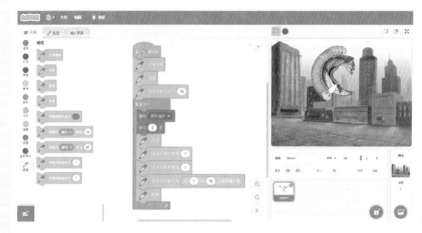

编程英语

英文	中文
pen	画笔
color	颜色
stamp	图章
size	粗细

知识宝箱

恭喜你完成了本课的学习，下图是我们本课学习的知识图谱。

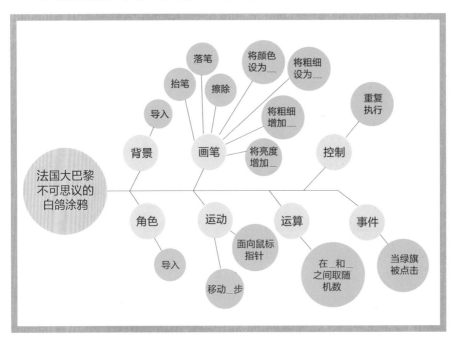

巴黎政府为了解决鸽子成灾的问题，决定在城市里投放鸽子的天敌——秃鹰和隼，想把鸽子吓跑，但不大奏效。申小吉的这个方法不仅更加文明，而且保护了鸽子，效果还更好。于是，申小吉被巴黎政府赠予了一个"妙算子"，并安排了专机送申小吉到下一个城市。

丹麦哥本哈根，卖火柴的小女孩

佛教中有一句话叫初学者心态。拥有初学者心态是件了不起的事。

——乔布斯

史蒂夫·乔布斯（Steve Jobs），出生于美国旧金山，美国苹果公司创始人。乔布斯被认为是计算机业界与娱乐业界的标志性人物，他经历了苹果公司几十年的起落与兴衰，先后领导和推出iPhone、iPad、Macbook、Macintosh、iMac、iPod等风靡全球的电子产品，深刻地改变了现代通信、娱乐、生活方式。乔布斯同时也是制作了《飞屋环游记》《玩具总动员》的皮克斯动画公司的前董事长及行政总裁。

申小吉被巴黎政府的专机送到了哥本哈根。哥本哈根是丹麦王国的首都，也是北欧最大的城市、世界著名的国际大都市。哥本哈根是全世界最幸福的城市之一，丹麦的标志——美人鱼雕像在海边静静沉思，充满童话气质的古堡与皇宫比邻坐落在这个城市中。

当漫步在这个童话般的城市中时，申小吉想起了卖火柴的小女孩的故事。

在下着雪的圣诞夜，因为没有卖掉一根火柴，小女孩一天没有吃东西。她又冷又饿，擦亮了第一根火柴，看见了喷香的烤鹅；擦亮了第二根火柴，看见了美丽的圣诞树；擦亮了第三根火柴，看见了久违的外婆，她想让外婆留在自己身边，于是把一整把火柴都擦亮了。然而当火柴熄灭的时候，所有的一切都不见了，小女孩只能又冷又饿地在圣诞之夜悲惨地死去了。

心疼小女孩的申小吉穿越到故事里，把小女孩的一整袋火柴都买了下来。小女孩感激地看着申小吉，说："谢谢哥哥！可是，你要这么多火柴做什么呀？"申小吉回答说："编程用啊。我来自很多很多年以后的世界，那个世界的小孩子不用挨饿受冻，还能学习编程，改变世界呢！"

让我们和申小吉一起完成作品《丹麦哥本哈根，卖火柴的小女孩》吧！

思维导图

项目规则

卖火柴的小女孩告诉申小吉，这里一共有200根火柴。

申小吉让200根火柴散落在舞台的每个角落。

所有的火柴都围绕着鼠标，鼠标在哪，方向就在哪。

思维导图

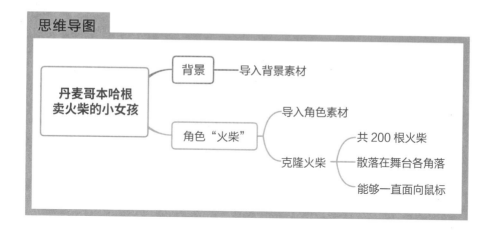

编程大作战

1. 导入背景素材

申小吉需要一个简单的背景，避免背景的颜色和火柴的颜色冲突，这样他就可以清楚地看到每个地方的火柴。因此我们需要添加一个简单的背景。

在Scratch中找到背景区，鼠标移动到图标 上，在弹出的选项中找到"选择一个背景"选项，然后点击，进入背景库。

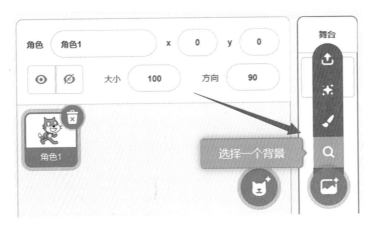

在弹出的对话窗的搜索处输入ray，选中背景图"Rays"，即可把背景图片加入到Scratch中了。

继续 →

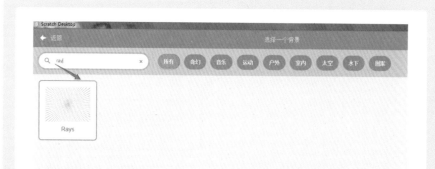

经过前面的努力，申小吉想要的和火柴颜色不冲突的背景就呈现出来啦。当然，你也可以通过浏览，挑选其他背景。

2. 导入角色素材

现在，申小吉就可以拿出火柴了。

切换至角色区，删除原角色小猫。还记得如何从电脑端上传角色吗？

鼠标移动到图标 上，在弹出的选项中点击"上传角色"。

继续 →

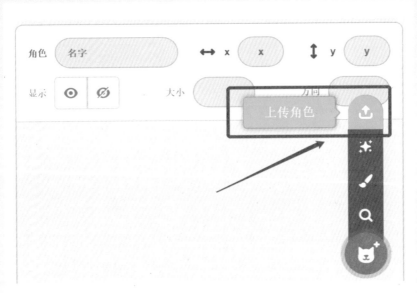

在弹出的对话框中，找到需要下载的素材包位置"神鸡编程环游记/素材包/第9课"，选中图片文件"角色图片-火柴"之后，点击"打开"按钮，即可把角色图片加入到Scratch中了。

现在，第一根火柴已经出现在舞台中了。

3. 克隆火柴

申小吉想：如果把火柴一根一根地导入到舞台中，那得导入200次，太麻烦了！不行，我得拿出我的秘密武器——克隆。

继续 →

到底什么是克隆呢？简单来说，克隆即分身，是把一个东西进行复制，复制之后的东西，不管是在长相，还是在功能上，都和本体是一样的。现在我们先来一起克隆出3根火柴，了解一下克隆的具体操作。

· 在"控制"类别中选择"克隆自己"积木，克隆一根火柴。

· 使用"重复执行10次"积木，设置克隆的次数，值为3。

· 添加"当 ▶ 被点击"，执行程序语句。

点击下 ▶ ，可能会发现：咦，克隆的火柴在哪呢？为什么舞台上还是只有一根火柴？

其实，克隆出来的火柴都重叠在一起了，试着用鼠标拖动舞台上的火柴，就能看到被克隆的火柴了。

继续 →

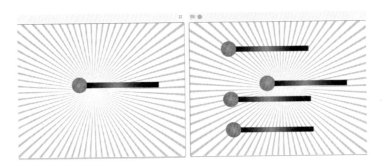

　　这其实就是克隆的特点。在克隆发生的一瞬间，克隆出来的角色会继承原角色的所有状态，例如：舞台中的位置、方向、大小、颜色，是隐藏还是显示等效果。那怎样可以在克隆发生的一瞬间就知道有没有完成呢？最简单的办法：改变克隆出来的角色的位置，不让它们重叠在一起即可。

　　• 在"控制"类别中选择"当作为克隆体启动时"积木，控制克隆体的执行动作。

　　• 使用"移到随机位置"积木，实现克隆出来的角色位置不重叠。

　　点击下 ▕▌ ，就可以即时看到角色被克隆的效果了。

继续 →

4. 控制火柴的方向

　　成功克隆出来的3根火柴，加上原本的火柴，一共有4根火柴了。申小吉转动着大眼睛说："我要让所有的火柴都给我行注目礼。就像阅兵一样，所有人都是面向首长的。首长走到哪儿，头就转向哪儿。我要做一个被所有火柴行注目礼的申小吉！"

　　· 使用"面向鼠标指针"积木，让所有角色面向鼠标方向。

　　· 使用"重复执行"积木，角色可以一直跟随鼠标的方向。

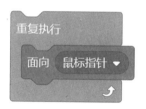

　　点击下 🚩 ，同学们会发现只有3根火柴可以一直跟随鼠标行注目礼，还有一根无法控制。这是因为"当作为克隆体启动时"积木只能控制被克隆出来的角色，无法控制原角色。所以，申小吉想要实现让舞台上所有的角色都为他行注目礼，需要把原角色隐藏，只在舞台上显示被克隆出来的角色就好了！

继续 →

5. 控制200根火柴

· 使用"将大小设为100"积木，将角色设为合适的大小，值为25。

· 使用"隐藏"积木，将原角色隐身。

· 改变"重复执行10次"积木，设置克隆的次数，值为200。

· 使用"显示"积木，显示克隆出来的角色。

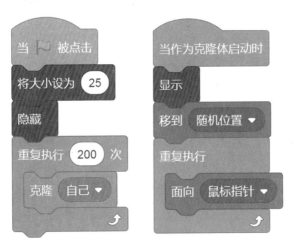

最后，点击下 ▶ ，移动鼠标看看我们完成的作品效果怎么样吧!

继续 →

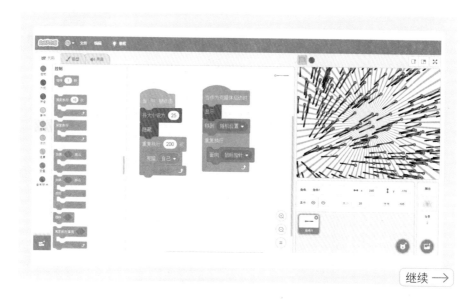

继续 →

挑战自我

显示火柴克隆过程

提示：尝试使用"移动"类别的"在1秒内滑行到随机位置"积木，显示出角色被克隆的过程。

```
当作为克隆体启动时
显示
在  1  秒内滑行到  随机位置 ▼
重复执行
    面向  鼠标指针 ▼
```

编程英语

英文	中文
Denmark	丹麦
match	火柴
clone	克隆
Copenhagen	哥本哈根
show	显示
hide	隐藏

知识宝箱

恭喜你完成了本课的学习，下图是我们本课学习的知识图谱。

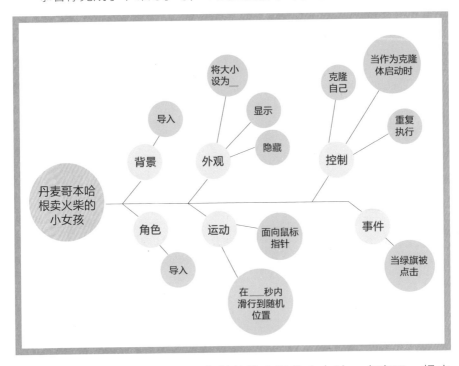

  在完成编程任务后，申小吉学着故事里的小女孩，点亮了一根火柴，面前就出现了一个"妙算子"。他又点亮了第二根火柴，面前出现了下一关的任务卡——请前往日本神户，再点亮第三根火柴，他发现自己已经被瞬间移动到日本神户了！

第十课

非经自己努力所得的创新，就不是真正的创新。

——松下幸之助

松下幸之助（1894—1989），是日本著名跨国公司"松下电器"的创始人，被人称为"经营之神"。

松下幸之助很注重对员工的教育。每周都要在员工大会上作演讲，并制定了松下员工守则，还创作了松下的歌曲，使团队凝聚力大大提升，每个松下员工都以自己是松下的一员而自豪。所以在松下的公司很少出现劳资纠纷。"终身雇佣制""年功序列"等日本企业的管理制度都由他首创。

2018年12月18日，党中央、国务院授予国际知名企业参与中国改革开放的先行者松下幸之助中国改革友谊奖章。

提到"日本神户"，不专业的"吃货"就只能想到神户牛肉。但申小吉这种专业"吃货"则还了解神户的西点（甜品）也是很有名气的。专业"吃货"间都流传一句话："好西点都到日本去了，日本的好西点都到神户去了。"

得益于港口打开了对外交流的大门，日本最早出现西点的地方，就是在兵库县。而现在，整个兵库县的洋果子店数量，可以算全日本第一。特别是神户市，可谓甜品狂人的天堂。

刚好申小吉到达的日子，是神户的梅子成熟的季节。这里的梅子又大又甜，很诱人。而偏偏申小吉的任务是——望梅止渴，只能看，不能吃！对于"吃货"来说，这个任务实在太难了！

可是即使任务再艰巨，申小吉凭借着自己聪明的大脑和坚强的意志力，还是勇敢地接受了挑战。

就让我们和申小吉一起接受挑战，完成作品《日本神户，望梅止渴》吧！

思维导图

申小吉到达神户，在房间休息。

眼睛随时注视着房间内的梅子，却不能去碰。

只能在心里默默地说"太香了，都流口水了"。

思维导图

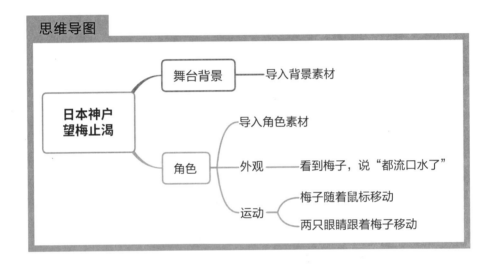

编程大作战

1. 导入背景素材

　　在神户的大小街道逛了一天之后，疲惫的申小吉刚回到酒店房间内。因此我们需要给舞台添加一个室内的背景。

　　在Scratch中找到背景区，鼠标移动到图标 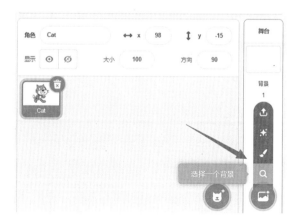 上，在弹出的选项中找到"选择一个背景"的选项，然后点击，进入到背景库。

　　在弹出的对话窗的搜索处输入bed，选中第二个背景图，即可把酒店内的背景图片加入到Scratch中了。

　　现在，申小吉已经进入房间里面了。一开门，作为"吃货"的申小吉就闻到了梅子的香味。

2. 导入角色素材

（1）导入角色素材——梅子、心、眼睛

申小吉在房间找来找去，却不见梅子的真身。我们帮他一下吧。

切换至角色区，删除原角色小猫。鼠标移动到图标上，在弹出的选项中点击"上传角色"，依次添加三个角色。

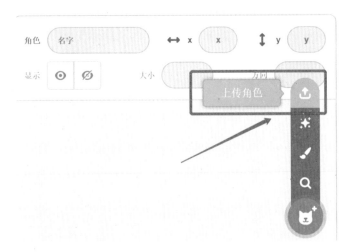

在弹出的对话框中，找到需要下载的素材包位置"神鸡编程环游记/素材包/第10课"，选中图片文件"角色图片-梅子""角色图片-心""角色图片-眼睛"之后，点击"打开"按钮，即可把梅子角色图片加入到Scratch中了。同样的操作，添加另外两个角色。

继续 →

（2）调整眼睛的位置和大小

在角色区选中眼睛，调整"眼睛"角色的大小，把大小改为"70"。点击右键，选择"复制"，这样舞台上就有两只一模一样的眼睛了。

把舞台中的两只眼睛移动到心上，让这两只眼睛作为心灵的窗口。这样我们就把多个分散的角色组合在了一起，看起来是一个整体，同时又可以对每个部分进行效果设计。

继续 →

3. 运动

梅子在房间内跟着鼠标跑来跑去，自在极了。

• 点击"角色图片-梅子"，进入"角色图片-梅子"的编辑界面。

• 在运动区中选择"移到随机位置"积木，修改为"移到鼠标指针"，实现让梅子随着鼠标移动的效果。

• 使用"重复执行"积木，梅子就可以一直跟随鼠标移动。

• 最上方添加"当 🏳 被点击"，执行程序语句。

两只眼睛随时随地地注视着梅子的动向。梅子在哪儿，眼睛就往哪儿看，视线一刻也不离开。

• 点击"角色图片-眼睛"，进入"角色图片-眼睛"的编辑界面。

• 在运动区中选择"面向鼠标指针"积木，实现让眼睛随着梅子移动的效果。

• 使用"重复执行"积木，眼睛就可以一直注视着梅子的位置。

• 最上方添加"当 🏳 被点击"，执行程序语句。

• 用同样的步骤和程序实现另一只眼睛跟随梅子移动的效果。

4. 外观

申小吉看到梅子，抑制不住内心的欢喜，在内心悄悄地说"太香了，都流口水了"。

· 点击"角色图片-心"，进入"角色图片-心"的编辑界面。

· 在外观区中选择"说你好！2秒"积木，修改内容为"说太香了，都流口水了5秒"。

· 添加"当 ▶ 被点击"，执行程序语句。

最后，点击▶，移动鼠标看看我们一起完成的作品吧！

挑战自我

梅子出现在任意位置，无须鼠标控制眼睛也能跟着转

提示：

· 在"角色图片-梅子"中尝试使用"运动"类别的"在1秒内滑行到随机位置"积木，显示出梅子自由移动的效果。

· 分别在两个"角色图片-眼睛"中尝试修改"面向鼠标指针"积木为"面向角色图片-梅子"，呈现出两只眼睛跟随梅子移动的效果。

编程英语

英文	中文
Japan	日本
Kobe	神户
dessert	西点（甜品）
indoor	室内
plum	梅子
eyes	眼睛
heart	心

知识宝箱

恭喜你完成了本课的学习，下图是我们本课学习的知识图谱。

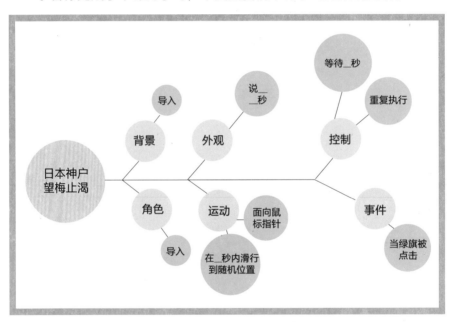

申小吉看得口水都流出来了，但都忍住没拿来吃，总算通过了测试。之后，他在房间内突然发现了一颗紫色的果子——就是"妙算子"啊！"如果刚刚我没有一直盯着梅子看，早就发现了，都怪自己太馋了！"旁边的桌子上还放着一张卡片，写着下一个目的地——澳门。

第十一课

中国澳门，石头剪刀布

别人一夸我，我就局促不安，由于夸得还不够！

——萧伯纳

萧伯纳，全名乔治·伯纳德·萧（1856—1950），爱尔兰剧作家。1925年因作品具有理想主义和人道主义而获诺贝尔文学奖。他是英国现代杰出的现实主义戏剧作家，是世界著名的擅长幽默与讽刺的语言大师，同时他还是积极的社会活动家和费边社会主义的宣传者。他支持妇女的权利，呼吁选举制度的根本变革，倡导收入平等，主张废除私有财产。1950年11月2日，萧伯纳因病逝世，终年94岁。萧伯纳毕生创造幽默，他的墓志铭虽只有一句话，但恰巧体现了他幽默的风格："我早就知道无论我活多久，这种事情迟早总会发生的。"

终于又回到熟悉的中国。申小吉大口大口呼吸着熟悉的空气。来到澳门，怎么能错过这里的美食？妙算子什么的，吃饱再说吧！申小吉左手一个猪扒包，右手一把猪肉干，再来个葡挞加杏仁饼当饭后甜品，噢，再来杯奶茶！然后以一个响亮的饱嗝作为结尾。

吃饱喝足的申小吉开始在澳门暴走，寻找妙算子。他走到大三巴牌坊，转了一圈妈祖庙，甚至在澳门大桥逛了个来回，最后来到了威尼斯人度假村。但是门口的保安把他拦了下来："小孩子不能进赌场的噢！请前面右拐到儿童赌场乐园。"

虽然神鸡仙君明明已经满一千岁了，但是无奈借用的是小孩子申小吉的身体，于是只能听从保安的建议去了儿童赌场乐园。乐园里，全球各地聚集在一起的小朋友，正在举行"石头剪刀布国际争霸赛"。申小吉也跃跃欲试了。

走近一看，申小吉发现：原来不是小朋友和小朋友之间进行比赛，而是要和电脑进行石头剪刀布的比赛。现在这些小朋友都是在和小伙伴们一起练习。申小吉怎会错过这么有意思的比赛？这不，他已经报名要跟电脑进行比赛了。

就让我们和申小吉一起挑战电脑，完成作品《中国澳门，石头剪刀布》吧！

思维导图

申小吉在比赛舞台上，和电脑进行石头剪刀布比赛。

在键盘上按下"1"，申小吉出"石头"。

在键盘上按下"2"，申小吉出"剪刀"。

在键盘上按下"3"，申小吉出"布"。

每次电脑随机出"石头""剪刀""布"中的某一种。

双方出完手势，现场为胜利者发出喝彩声。

思维导图

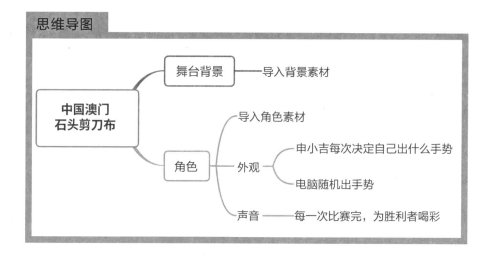

编程大作战

1. 导入背景素材

申小吉刚报完名，就被邀请到满是闪光灯的舞台上面和电脑进行比赛。因此我们需要给舞台添加一个闪光灯的背景。

在Scratch中找到背景区，鼠标移动到图标 上，在弹出的选项中找到"选择一个背景"选项，然后点击，进入背景库。

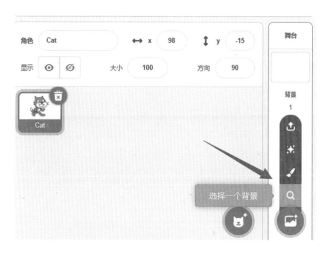

在弹出的对话窗的搜索处输入spo，选中倒数第三个背景图，即可把表演舞台的背景图片加入到Scratch中了。

继续 →

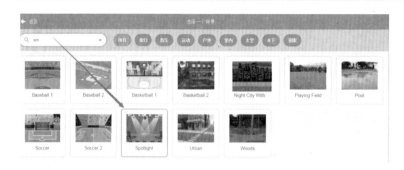

现在，申小吉已经迫不及待地想要开始进行"石头剪刀布"的比赛了。

2. 导入角色素材

（1）导入角色素材——玩家手势

这个游戏一共有3种手势，分别是"石头""剪刀"和"布"。

切换至角色区，删除原角色小猫。鼠标移动到图标 上，在弹出的选项中点击"上传角色"选中并添加"玩家手势"角色。

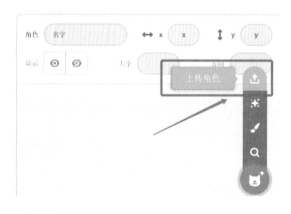

继续 →

在弹出的对话框中，找到需要下载的素材包位置"神鸡编程环游记/素材包/第11课/角色-玩家手势"，选中图片文件"角色图片-布"之后，点击"打开"按钮，即可把"玩家手势-布"角色图片加入到Scratch中了。

现在，"玩家手势-布"就已经出现在舞台上了。

点击角色区的"玩家手势-布"，修改角色大小为"25"，并把角色移动到舞台中间靠左的位置。

继续 →

为了更顺畅地选择手势，需要把"玩家手势-石头"和"玩家手势-剪刀"两个手势加入到玩家的角色造型中。这样申小吉只需要变换造型就可以出示不同的手势了。

点击角色，切换至造型，鼠标移动到图标 上，在弹出的选项中点击"上传造型"，选中并添加玩家手势的造型。

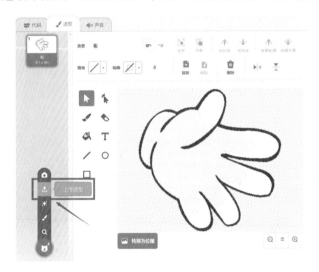

在弹出的对话框中，找到需要下载的素材包位置"神鸡编程环游记/素材包/第11课/角色-玩家手势"，选中图片文件"角色图片-剪刀"之后，点击"打开"按钮，即可把"玩家手势-剪刀"角色图片加入到Scratch的造型中了。

继续 →

　　用同样的方法，将鼠标移动到图标 ⊕ 上，在弹出的选项中点击"上传造型"，选中并添加玩家手势的造型。

　　在弹出的对话框中，找到需要下载的素材包位置"神鸡编程环游记/素材包/第11课/角色-玩家手势"，选中图片文件"角色图片-石头"之后，点击"打开"按钮，即可把"玩家手势-石头"角色图片加入到Scratch的造型中了。

　　现在，玩家手势石头、剪刀、布都已经上传完成了。

　　（2）导入角色素材——电脑手势

　　现在申小吉的3种手势已经完整了，该给电脑设计手势了。

继续 →

把鼠标移动到图标 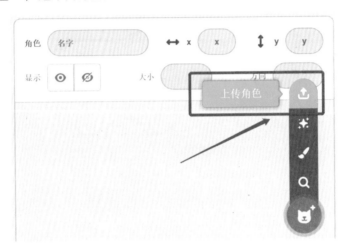 上，在弹出的选项中点击"上传角色"，选中并添加"电脑手势"角色。

在弹出的对话框中，找到需要下载的素材包位置"神鸡编程环游记/素材包/第11课/角色-电脑手势"，选中图片文件"角色图片-布"之后，点击按钮"打开"，即可把"玩家手势-布"角色图片加入到Scratch中了。

现在，"电脑手势-布"就已经出现在舞台上了。

点击角色区的"电脑手势-布"，修改角色大小为"25"，并把角色移动到舞台中间靠右的位置。

继续 →

同样，为了更顺畅地选择手势，需要把"电脑手势-石头"和"电脑手势-剪刀"两个手势加入到玩家的角色造型中。

点击角色区的"电脑手势-布"，切换至"造型"，把鼠标移动到图标 上，在弹出的选项中点击"上传造型"，选中并添加电脑手势的造型。

继续 →

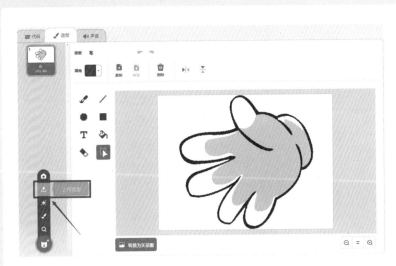

在弹出的对话框中，找到需要下载的素材包位置"神鸡编程环游记/素材包/第11课/角色-电脑手势"，选中图片文件"角色图片-剪刀"之后，点击"打开"按钮，即可把"电脑手势-剪刀"角色图片加入到Scratch的造型中了。

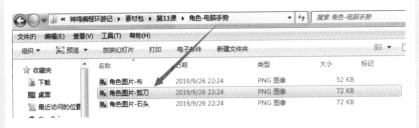

用同样的方法，将鼠标移动到图标 上，在弹出的选项中点击"上传造型"选中并添加电脑手势的造型。

继续 →

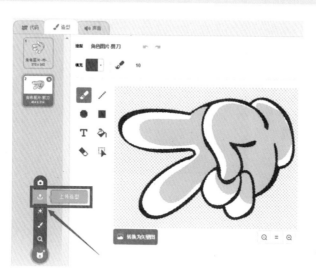

在弹出的对话框中，找到需要下载的素材包位置"神鸡编程环游记/素材包/第11课/角色-电脑手势"，选中图片文件"角色图片-石头"之后，点击"打开"按钮，即可把"电脑手势-石头"角色图片加入到Scratch的造型中了。

现在，电脑手势石头、剪刀、布都已经上传完成了。

3. 外观

申小吉在摩拳擦掌，跃跃欲试。

• 点击"玩家手势-布"，进入玩家手势的编辑界面。

继续 →

· 在"外观"区中选择"换成角色图片-石头造型"积木，实现让玩家出手势石头。

· 添加"当按下1键"，执行程序语句。

· 在"外观"区中选择"换成角色图片-剪刀造型"积木，实现让玩家出手势剪刀。

· 添加"当按下2键"，执行程序语句。

· 在"外观"区中选择"换成角色图片-布造型"积木，实现让玩家出手势布。

· 添加"当按下3键"，执行程序语句。

电脑工程师也在做最后的电脑手势调整。

· 点击"电脑手势-布"，进入电脑手势的编辑界面。

· 在"控制"区中选择"重复执行10次"积木，值为3。

· 在"外观"区中选择"下一个造型"积木，嵌入"重复执

继续 →

行"积木中。

• 在"控制"区中选择"等待2秒"积木，值为0.1，按顺序嵌入"重复执行"积木中。

• 如下图，在"外观"区中选择"换成剪刀造型"积木，按顺序卡合在"重复执行"积木外。

• 在"运算"区中选择"在1和10之间取随机数"积木，修改为"在1和3之间取随机数"，嵌入在"换成剪刀造型"积木中。

继续 →

4. 广播

现在申小吉和电脑都已经做好了手势准备，但是申小吉突然想道：电脑没有开摄像头，又没有眼睛，它怎么知道我什么时候出了什么手势呢？

聪明的你，能回答申小吉的问题吗？

回想一下，你平常是怎么知道有没有人给你打电话的？在学校的时候，大家是通过什么来判断现在是上课还是下课的？

我们一般是通过手机震动、响铃或者是屏幕亮灭来判断是否有人给我们打电话。在学校的时候，是通过"铃声"来判断是该上课、下课还是该去做课间操了。

其实，Scratch中有一个非常"聪明"的积木，只要使用恰当，它就可以充当角色的眼睛或者耳朵，知道什么时候该干什么。这个神奇的积木就是——广播。它主要用于不同角色之间的通信。

玩家发送广播消息，电脑接收到了广播消息，就知道该出手势了。

· 点击"玩家手势-布"，进入玩家手势的编辑界面。

· 在"事件"区中选择"广播消息1"积木，点击"消息1"，选择"新消息"。

· 在弹出的窗口中，输入"电脑出拳"，并点击确定，即新建了一个广播消息。

继续 →

• 将"广播电脑出拳"积木分别连接在3组积木下。

• 点击"电脑手势-布",进入电脑手势的编辑界面。

• 在"事件"区中选择"当接收到电脑出拳"积木,连接在积木组上方。

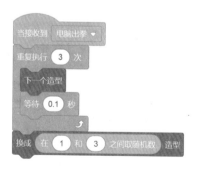

现在电脑就知道申小吉什么时候出手势了。

继续 →

5. 声音

申小吉和电脑的比赛马上要正式开始了，观众也越来越多。这不，刚完成一次比赛，观众就开始喝彩了。

• 点击"电脑手势-布"，进入"电脑手势-布"的编辑界面。

• 点击左上角的"声音"，进入声音界面。

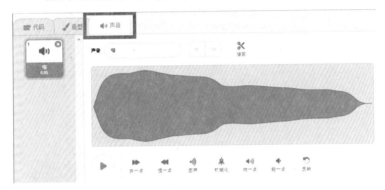

• 鼠标移动到图标  上，在弹出的选项中点击"选择一个声音"，从声音素材库中选择观众喝彩的声音。

• 在弹出的对话窗的搜索处输入cla，选中第三个声音，即可把观众喝彩的声音加入到Scratch中了。

• 在"声音"区中选择"播放声音喵"积木，点击下拉框，选择"Clapping"。

继续 →

・将"播放声音Clapping"按顺序连接在积木组下方。

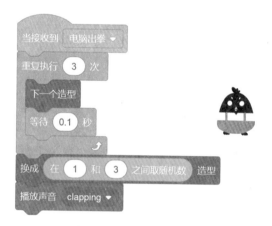

　　现在，在键盘上按下1或者2或者3，看看我们一起完成的作品吧！

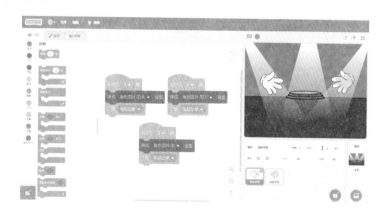

挑战自我

玩家与电脑同时出拳

提示：

• 尝试调整玩家手势中每一次发送"电脑出拳"的广播顺序，按下按键之后，直接发送广播消息。

• 可以加入下一个造型，结合使用重复执行积木，实现让玩家和电脑一样先把不同的手势出一遍，再确定最终要出的手势。

编程英语

英文	中文
Macao	澳门
Venice	威尼斯
Rock-Paper-Scissors	石头剪刀布（游戏）
stage	舞台
audience	观众
cheer	喝彩

知识宝箱

恭喜你完成了本课的学习，下图是我们本课学习的知识图谱。

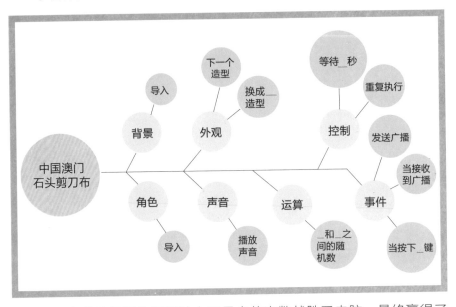

申小吉借助极强的运算法力以最多的次数战胜了电脑，最终赢得了这一届"石头剪刀布国际争霸赛"的冠军。当他高高兴兴上台领奖的时候，才发现，原来奖品就是他一直在找的"妙算子"。"幸好我参加了比赛，不然这个'妙算子'就不知道被哪个国家的小朋友带回去了。"申小吉正想着，突然发现颁发的奖杯底部刻着"伦敦"两字。原本还打算晚上再在澳门吃个海鲜炒饭呢！结果又要出发了！

第十二课

英国伦敦，福尔摩斯的智能放大镜

如果什么事都要等到100%确定再做，你将一事无成。

——诺曼·文森特·皮尔

诺曼·文森特·皮尔（1898—1993）是闻名世界的牧师、演讲家和作家，他的一生充满传奇的色彩，他是几任美国总统的顾问，获得过里根总统颁发的美国公民最高荣誉——美国自由勋章。在他担任牧师期间，他的演说大受欢迎，每天前来倾听他讲道的游客总是排起长队。皮尔每周的广播节目《生活的艺术》在NBC上连续播放了54年，他每个月要给大约75万人布道，他创办的杂志《标杆》发行量达450万册，是与宗教相关的杂志中发行量最大的。

飞机降落在泰晤士河边，申小吉刚下飞机就感受到了伦敦的热闹——游客络绎不绝，相机快门按个不停。申小吉无心看风景，只好拨开人群，翻遍大英博物馆、国会大厦、大本钟、伦敦眼、塔桥，都没能找到关于"妙算子"的提示。

　　在路过贝克街的时候，申小吉想起了闻名世界的大侦探福尔摩斯不就曾住在这里吗？说不定大侦探家里能给我什么提示。于是，他马上来到贝克街221b号福尔摩斯家中开始找线索。在福尔摩斯最爱的座位旁，放着一个放大镜。申小吉好奇地拿起了放大镜。

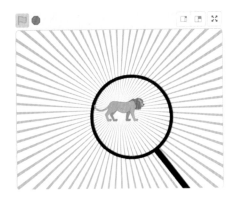

思维导图

　　狮子隐藏在一张射线背景图的中心，叫嚣着"猜猜我是谁"。

　　福尔摩斯的智能放大镜只能跟随鼠标指针，鼠标指针去哪儿，放大镜就去哪儿。

　　放大镜在离狮子小于100的距离时会放大狮子，且距离越近，放大倍数越大。

思维导图

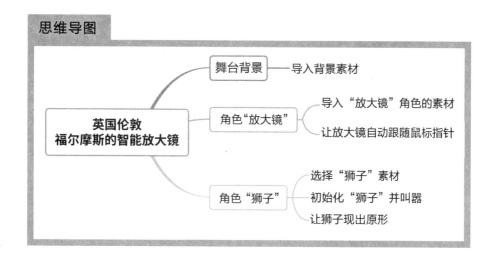

编程大作战

1. 导入背景素材

我们需要选择一个便于隐藏主角狮子的背景，Scratch自带的一个名叫"Rays"（射线）的背景就是很好的选择。让我们把它导入吧。

首先，如下图所示，点击Scratch右下角的"选择一个背景"图标。

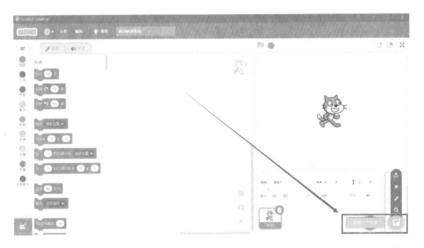

然后，我们在左上角的输入框中输入"rays"搜索出了射线背景图，用鼠标左键点击它，背景图片就导入完成了。

继续 →

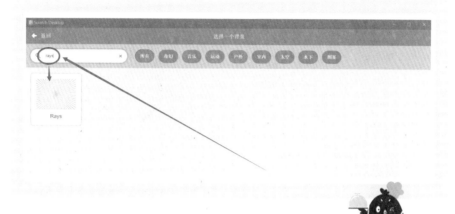

2. 导入角色素材

这个程序的主角是智能放大镜和狮子，让我们把它们导入到角色区吧。点击Scratch角色区，点击"上传角色"，找到配套的素材包在电脑中的位置，打开"第12课"，把"放大镜sprite3"和"狮子sprite3"分别上传。

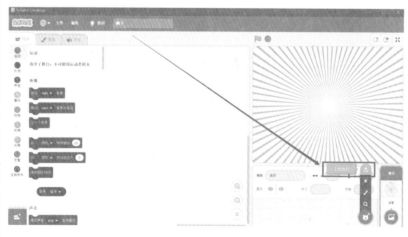

继续 →

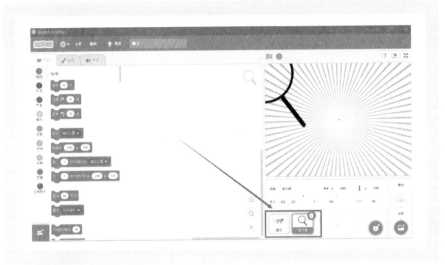

3. 给角色编程

（1）给放大镜这个角色编程

根据任务的要求，程序运行后，我们要让放大镜永远自动跟随鼠标移动。这个任务换种说法就是，当 🏁 被点击时，放大镜移动到鼠标指针移动的任何位置，且重复执行。

我们按下图所示拖出积木并嵌套好，将"移到随机位置"修改为"移到鼠标指针"。

继续 →

点击 🚩 之后，我们就可以随意挥动鼠标了，无论鼠标移动到哪里，放大镜都会自动跟到哪里。是不是感觉放大镜就像握在手中一样，可以灵活掌握？

（2）给狮子这个角色编程

①狮子的初始化

程序运行后，我们首先要用积木命令狮子隐藏在背景的中心处，使用"移到x:y:"积木，并把坐标设为（0,0），狮子的初始化位置就设定为了背景的中心点。

然后，我们要用积木把狮子设定得很小，这样不容易被放大镜发现，使用"将大小设为100"积木，并把100调成1，狮子的初始化大小就设成了1。

最后，狮子感觉自己藏得很隐蔽，就向福尔摩斯发出了一声挑战，说"猜猜我是谁"。用"外观"中的"说你好！2秒"积木，并把内容改为"猜猜我是谁"，时间改为1秒，就可以实现。

完成以上3步，狮子的初始化设置就完成了。

点击 🚩，看一下狮子初始化的效果吧！

继续 →

②狮子与放大镜的战争

根据程序要求，狮子和放大镜的距离不同时，狮子的大小也会不同。

首先，我们需要一个工具来随时侦测狮子和放大镜的距离。在狮子这个角色的脚本区使用"到放大镜的距离"积木就可以了。

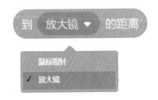

其次，我们需要用运算计算距离是＞100，还是＜100。

我们在"运算"积木拖出 ⬭ ＜ 50 和 ⬭ - ⬭ ，将上述侦测积木嵌套到空白区，组成下列积木。

条件	结果
当狮子和放大镜的距离＞100	狮子大小仍保持1
当狮子和放大镜的距离＜100	距离越近，狮子越大 即狮子的大小设定为（100-距离）

然后，我们用"如果（）那么（）否则（）"语句将制作好的积木嵌套起来，这样，就实现了表中条件和结果的一一对应。

继续 →

由于我们希望每一次鼠标指针换位置，都按上面的积木运行，所以要加上"重复执行"积木。

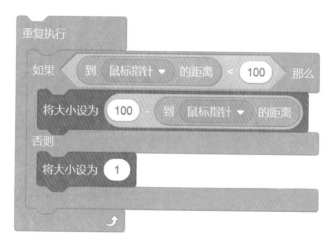

到这里，狮子这个角色的积木编程就完成了，最终的结果见下图。

继续 →

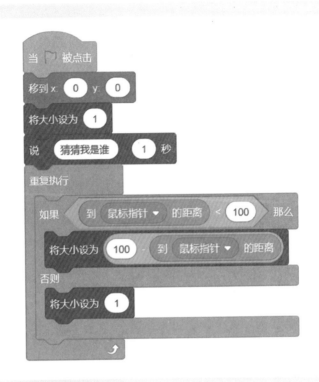

4. 运行与调试

点击 ▣ ，移动鼠标，看看能否实现预期的效果。

如果能，恭喜你又做了一个Scratch作品。

如果不能，再看下上面的教程，耐心调试，直到正常运行。

5. 保存与命名

完成之后，按下图引导，把这个编程作品命名为"12英国伦敦，福尔摩斯的智能放大镜"，然后保存到电脑（比如桌面）。

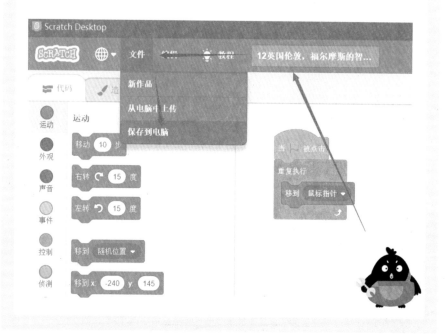

挑战自我

1. 将放大镜的初始值调小

   提示：在放大镜的积木脚本区增加某个外观积木。

2. 给程序添加背景音乐

   提示： 点击小绿旗时，循环执行播放某个音乐直到结束。

编程英语

英文	中文
UK	英国
London	伦敦
Holmes	福尔摩斯（姓氏）
distance	距离
lion	狮子
magnifier	放大镜
ray	射线
Mouse-pointer	鼠标指针

知识宝箱

恭喜你完成了本课的学习，下图是我们本课学习的知识图谱。

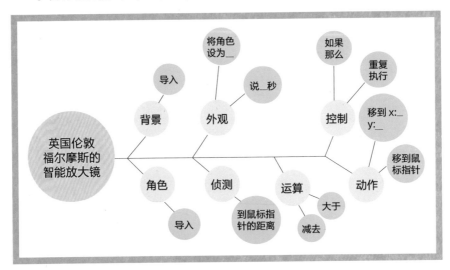

　　申小吉透过放大镜，看到了一只狮子。他马上就知道"妙算子"藏在哪里了。狮子是英国皇室的标志——在古代，英国皇家生活很奢华，狮子是"国王的宠物"。后来，狮子被作为英国皇家武力威严的象征。离开福尔摩斯家后，申小吉直奔皇室宫殿白金汉宫。等他来到门口的时候，一个穿着红制服戴着大黑帽的禁卫军拦下了他，交给他一个"妙算子"，并用纯正的英国腔跟他说："Please go to Guangzhou. Wish you good luck!"（请出发去广州吧，祝你好运！）

第十三课

中国广州，一片花海惹人爱

一切伟大的科学理论都意味着对未知的新征服。

——卡尔·波普尔

卡尔·波普尔爵士是当代西方最著名的科学哲学家和社会哲学家之一。1902年生于奥地利维也纳的一个犹太裔中产阶级家庭，毕业于维也纳大学。1946年迁居英国，在伦敦经济学院讲解逻辑和科学方法论，1949年获得教授职衔。1965年，他经英国女王伊丽莎白二世获封爵位，1976年当选皇家科学院院士。波普尔是批判理性主义的创始人。

借助福尔摩斯的力量攻破了上一关的申小吉，离开了阴天大雾的伦敦，来到了阳光明媚的中国广州。在这个阳光充足的宝地，花海全年无休。一年四季，广州都有花依次绽放：桃花、樱花、木棉花、紫荆花、凤凰木、荷花、向日葵、紫薇、芙蓉……

　　在得知他的任务是要收集广州不同种类的花时，申小吉快要晕倒过去了，因为他事先准备的其实是——叉烧包、肠粉、薄皮虾饺、干蒸烧卖、蒸排骨、鲜虾蔬菜饺、奶黄包、马拉糕、姜撞奶、萝卜糕、皮蛋瘦肉粥、流沙包、凤爪……

　　幸好，申小吉可以借助编程的力量。

思维导图

选定蓝天草地背景，并在初始状态中清除所有特效。

每点击一次舞台区，就发出一次广播消息。

当花瓣角色接收到广播消息时，就变幻出不同造型、不同大小的花瓣。

思维导图

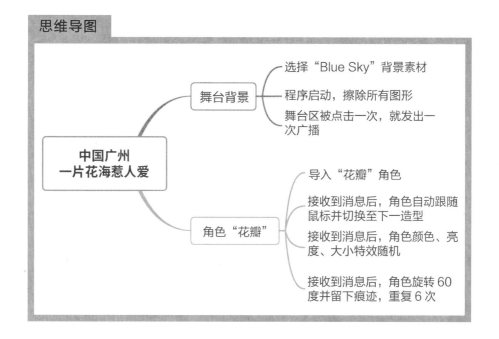

编程大作战

1. 导入背景和角色

（1）导入背景素材

万紫千红的花要配绿叶！所以我们需要选择一个蓝天绿叶的背景。Scratch背景库中恰好有一个叫"Blue Sky"的背景。

如下图所示，打开Scratch，点击右下角的"选择一个背景"。

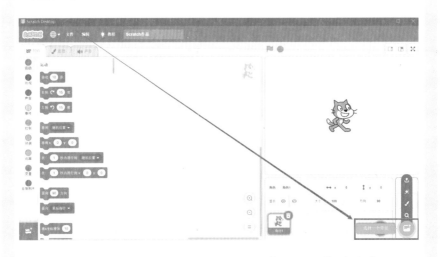

再打开文件中的第二行第五列就是"Blue Sky"这个背景，鼠标左键点击它，背景就添加完成了。

继续 →

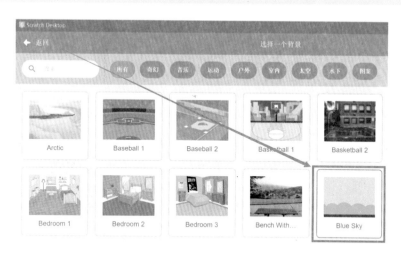

（2）导入角色素材

首先删除原角色小猫，然后，如下图所示，找到右下角的 ，点击"上传角色"，再点击本书配套的素材包所在的文件夹，打开第13课，找到"花瓣.sprite"，点击"打开"。

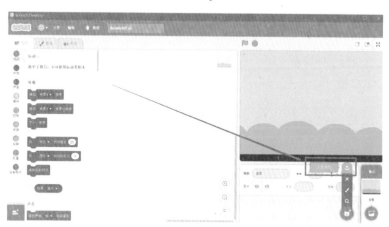

这样，花瓣这个角色就上传成功了，如下图所示。点击左上角的"造型"，我们注意到，这个角色包含着5个不同的造型。

继续 →

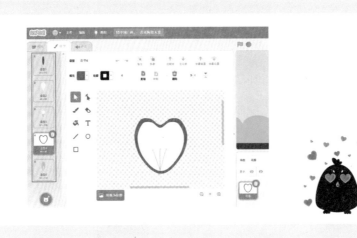

2．积木编程

（1）给背景区编程

背景区的编程任务有两个。

任务A：要在程序运行后擦除所有先前的绘画。

任务B：每用鼠标点击一次舞台区任意位置，就发出一次广播。

任务A分解	对应积木	积木的位置
点击小绿旗触发事件	当 ▷ 被点击	事件 "事件"积木区
程序运行后擦除先前所有的绘画	全部擦除	✎⁺ → ✎

任务A对应的积木代码如下图所示。

继续 →

任务B分解	对应积木	积木的位置
点击舞台触发事件	当舞台被点击	事件 "事件"积木区
发出广播指令	广播 消息1 ▼	事件 "事件"积木区

任务B的积木见下图。

完成背景区编程后的效果见下图。

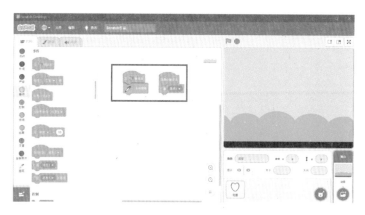

（2）给角色编程

完成背景区编程后，就是我们的重头戏了——给角色编程。

为了出现每点击一次屏幕，就开出一朵不同造型、不同大小花瓣的花，我们的编程任务如下。

继续 →

任务	积木
跟随鼠标移动	移到 鼠标指针 ▼
切换花瓣造型	下一个造型
将颜色设为随机数	将 颜色 ▼ 特效设定为 在 1 和 256 之间取随机数
将亮度设为随机数	将 亮度 ▼ 特效设定为 在 -20 和 20 之间取随机数
将大小设为随机数	将大小设为 在 10 和 40 之间取随机数
画出一朵6个花瓣的花	重复执行 6 次 右转 ↻ 60 度 图章

其中，"图章"积木可以把角色留下的痕迹像盖印章一样盖在舞台区上。花瓣每右转60度就把它的姿势像盖印章一样盖在舞台区上，重复6次，刚好一圈，形成了一个圆形花瓣。

当接收到 消息1 ▼
移到 鼠标指针 ▼
下一个造型
将 颜色 ▼ 特效设定为 在 1 和 256 之间取随机数
将 亮度 ▼ 特效设定为 在 -20 和 20 之间取随机数
将大小设为 在 10 和 40 之间取随机数
重复执行 6 次
右转 ↻ 60 度
图章

继续 →

3. 运行与调试

编程完成后，我们要运行并调试。

点击 之后，再点击舞台区任意位置，就会出现一朵6个花瓣的花，再点击，又出现一朵，只不过颜色、大小、造型、亮度都跟刚才的不同，再点击，又是一朵完全不同的花。

如果出现这种情况，说明我们的程序运行正常，达到了预期效果。

如果没出现这种情况，再看下上面的教程，耐心调试，直到正常运行。

4. 保存与命名

完成之后，按下图引导，把这个编程作品命名为"13中国广州，一片花海惹人爱"，然后保存到电脑（比如桌面）。

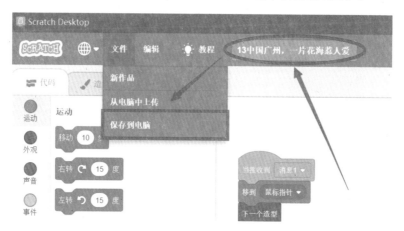

继续 →

挑战自我

尝试将花从6个花瓣换成8个花瓣

提示：调节"重复执行"图章的参数，确保重复执行的次数和每次旋转的角度相乘等于360。

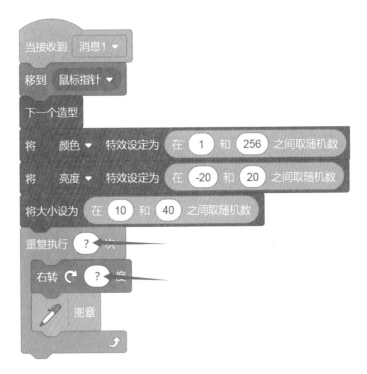

编程英语

英文	中文
flower	花
petal	花瓣
random	随机
stamp	图章
erase	擦除

知识宝箱

恭喜你完成了本课的学习，下图是我们本课学习的知识图谱。

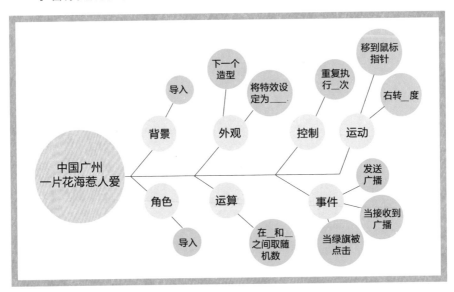

　　把花都收集完之后，花海中有一支向日葵突然长得很高，格外醒目。在向日葵大大的花盘中有一个紫色的闪光点尤其耀眼，原来，那又是一颗"妙算子"。走近一看，这朵向日葵的瓜子还被神奇地排成了3个字——奥克兰。于是，申小吉来不及吃他心心念念的点心，又要奔往下一个目的地了。

第十四课

不会做小事的人，也做不出大事来。

——罗蒙诺索夫

罗蒙诺索夫（1711—1765），俄国百科全书式的科学家、教育家、语言学家、哲学家和诗人，被誉为俄国科学史上的彼得大帝。提出了"质量守恒定律"（物质不灭定律）的雏形。

罗蒙诺索夫出生于阿尔汉格尔斯克一个渔民家庭，是俄国科学院的第一个俄国籍院士，他还是瑞典科学院院士和意大利波伦亚科学院院士。他创办了俄国第一个化学实验室和第一所大学莫斯科罗蒙诺索夫国立大学。

新西兰是世界上名副其实的绿色王国，它一半的国土面积都是天然牧场或农场。并且，新西兰全年气候怡人，夏季不太热，冬天不太冷，是世界上最适合种植苹果的地方。在"吃货"界流传着一句这样的话："世界上有两种苹果，一种叫新西兰苹果，一种叫其他苹果。"可见，新西兰的苹果已经得到了"吃货"界的权威认可。

　　而作为"吃货"界的传奇人物——申小吉，在来到新西兰的第一大城市奥克兰后，赶紧马不停蹄地来到农场，进行苹果大扫货！

思维导图

扫货红苹果的游戏背景在新西兰苹果园。

通过键盘上的"←"和"→"两个按键可以控制购物车左右移动。

总共30个苹果随机从树上落下，苹果碰到购物车中，得分加1；苹果没碰到购物车，落地消失。

思维导图

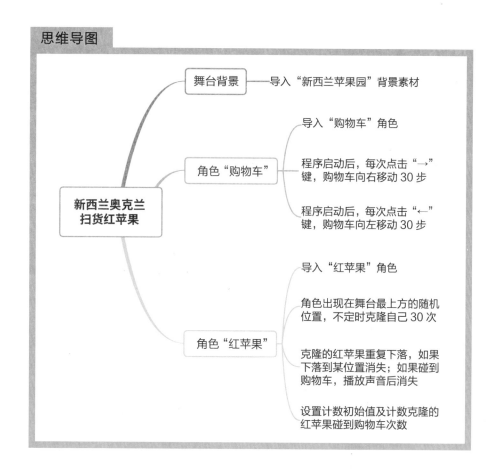

编程大作战

1. 导入舞台背景

　　我们要在新西兰奥克兰扫货最新鲜的红苹果，自然要去新西兰的苹果园。因此，我们需要导入"新西兰苹果园"作为背景。

　　如下图所示，打开Scratch，找到右下角的 ，点击"上传背景"，进入本书配套的素材包所在的文件夹，打开第14课，找到"新西兰苹果园"，点击打开，背景就上传成功了。

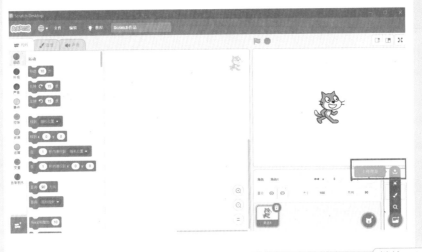

继续 →

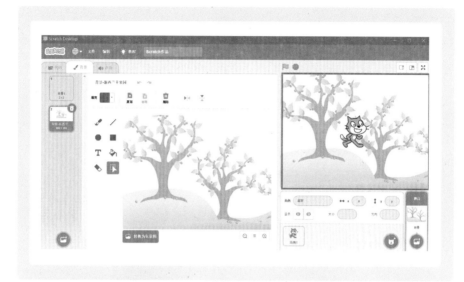

2. 导入角色素材

首先删除原角色小猫，然后，如下图所示，找到右下角的
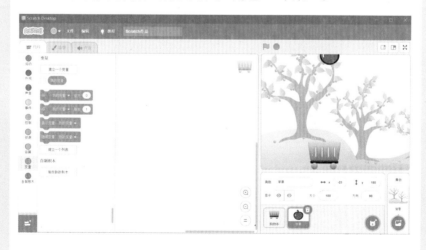 ，点击上传角色，进入本书配套的素材包所在的文件夹，
打开第14课，找到"角色-购物车"，点击"打开"，就上传成
功了。最后，用同样的方法导入"角色-红苹果"。

继续 →

3. 积木编程

（1）给角色"购物车"编程

我们的扫货游戏任务中，要用购物车接掉下的红苹果。由于红苹果的位置是不固定的，所以我们要用键盘控制购物车灵活地左右移动。

我们首先来看"程序启动后，每次点击'→'键，购物车向右移动30步"这个任务。

任务分解	积木
启动程序	当 ▶ 被点击
判断"→"键是否被点击	按下 → ▼ 键？
如果"→"被点击,那么……	如果　　那么
购物车向右移动30步	将x坐标增加 30
重复执行，实现每一次都是上述效果	重复执行

用"→"键控制购物车往右移动的意思就是：如果"按下'→'键"，那么"将x坐标增加30"，所以我们把积木组合到一起，"→"键的设置就完成了。

继续 →

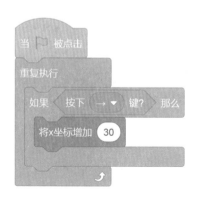

用"←"键控制购物车往左移动的代码与此类似。

合起来之后，控制购物车左右移动的积木如下图所示。

现在可以点击键盘上的"←"和"→"按键，试试效果如何。

继续 →

（2）给角色"红苹果"编程

任务一：角色出现在舞台最上方的随机位置，并不定时克隆自己，总共克隆30次。

任务分解	对应的积木	备注
程序启动	当 🚩 被点击	点击小绿旗后执行后续操作
移动到舞台顶部的随机位置	移到 x: 10 y: 180 在 -210 和 210 之间取随机数	舞台顶部的随机位置意思是红苹果的y坐标保持180不变，而x坐标是随机的。只需要把下面的积木拖到x坐标位置即可
克隆自己	克隆 自己 ▼	克隆的红苹果和当前的红苹果一模一样
每隔随机时间克隆1次	等待 1 秒 在 0.1 和 1.5 之间取随机数	只需要把下方的绿色随机数积木拖到上方的等待1秒的1的位置
重复执行30次	重复执行 30 次	设定从树上掉下的苹果总数30个，只需要克隆30个即可

继续 →

将积木拼接到一起，结果见下图。

这时候我们点击小绿旗，发现苹果从舞台顶部不确定位置出现。这正是我们要的效果。

任务二：克隆的红苹果重复下落，如果下落到某位置消失；如果碰到购物车，播放声音后消失。

任务	对应积木	备注
当克隆的红苹果启动时	当作为克隆体启动时	任务一中克隆的红苹果
克隆的红苹果以-10的速度自然下落	重复执行 将y坐标增加 -10	y坐标增加-10意思就是向下移动10步。重复执行就是重复下落的效果

继续 →

续表

任务	对应积木	备注
克隆的红苹果下落到-100这个位置下面就消失	如果　〈y 坐标 < -100〉那么 删除此克隆体	如果没接到克隆的红苹果,那么苹果自然下落。当红苹果的y坐标小于-100时,通过"删除此克隆体"让红苹果消失
如果克隆的红苹果碰到购物车,那么就播放声音,然后消失	如果　〈碰到 购物车 ▼ ?〉那么 播放声音 pop ▼ 删除此克隆体	如果接到红苹果,就播放声音,并通过"删除此克隆体"的方式让红苹果消失

任务三：设置计数初始值及计数克隆的红苹果碰到购物车的次数。

获胜规则：总共30个红苹果落下，接到的红苹果数量多的获胜。但问题是，如何计算玩家接到了多少个红苹果呢？

这里我们需要用到变量。如下图，点击"变量"建立一个变量。

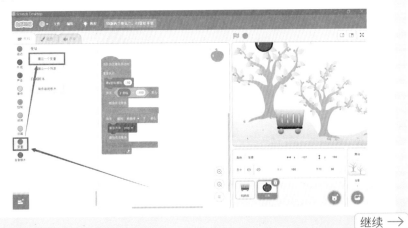

继续 →

在弹出的对话框中输入"接到的红苹果数"。

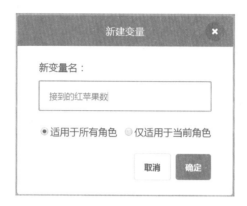

这时候我们注意到下图左边箭头指向的位置发生了变化，右边箭头指向的舞台区也出现了这个变量和这个变量的值。

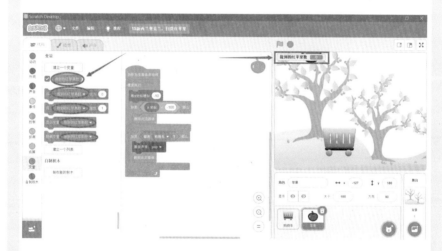

这时候我们开始计数了。

计数有两个任务：设置计数的起始值以及把计数器放到合适的位置。

我们计数要有一个开始计数的起点，一般从0开始。

只需要将"将接到的红苹果设为0"积木放到下图位置即可。

继续 →

当 🏳 被点击
将 接到的红苹果数 ▼ 设为 0
重复执行 30 次
移到 x: 在 -210 和 210 之间取随机数 y: 180
克隆 自己 ▼
等待 在 0.1 和 1.5 之间取随机数 秒

这样，点击小绿旗启动程序后，就把计数的起始点设置成了0。

回想整个游戏过程，应在什么时候计算玩家得分呢？对了，就是在克隆的红苹果碰到购物车的时候。我们只需要把变量中的"将接到的红苹果数增加1"积木拖到下图的位置就可以了。

当作为克隆体启动时
重复执行
将y坐标增加 -10
如果 y 坐标 < -100 那么
删除此克隆体
如果 碰到 购物车 ▼ ？ 那么
播放声音 pop ▼
将 接到的红苹果数 增加 1
删除此克隆体

到此为止，我们对红苹果这个角色的编程任务就完成了。

4. 运行与调试

完成了上述步骤，运行效果到底如何呢？

点击，移动鼠标，看看能否实现预期的效果。

如果能，恭喜你又编程了一个Scratch作品。如果不能，再看下上面的教程，耐心调试，直到正常运行。

5. 保存与命名

完成之后，按下图引导，把这个编程作品命名为"14新西兰奥克兰，扫货红苹果"，然后保存到电脑（比如桌面）。

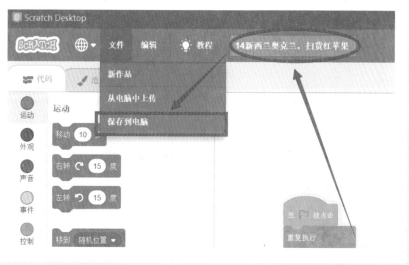

挑战自我

1．让苹果掉到地上而不是消失

　　提示：想想哪些积木会让没被购物车接到的苹果消失，删除它们。

2．有玩家嫌弃游戏太简单，尝试加大游戏难度

　　提示：让克隆红苹果的速度加快，游戏难度就大了，找到谁在控制速度，并做出修改。

编程英语

英文	中文
apple	苹果
cart	购物车
New Zealand	新西兰（南半球的一个岛国）
orchard	果园
Make a Variable	建立一个变量

知识宝箱

恭喜你完成了本课的学习，下图是我们本课学习的知识图谱。

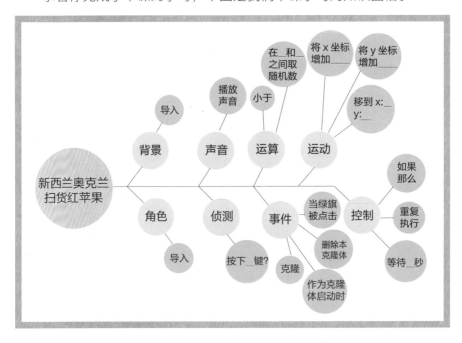

　　申小吉在农场接了满满一大车的红苹果，准备开始大饱口福。正当他把手伸向苹果的时候，突然，树上掉下一个又大又红的苹果，砸中了他的头。申小吉"啊"的一声，摸了摸后脑勺，发现肿起了一个小包。他生气地捡起那个大苹果，狠狠地咬了一大口：哼，让你砸我！苹果的香甜马上让他忘掉了后脑勺的小包。他连着吃了几口，塞满了嘴巴。很快，他发现，苹果核的位置，居然有一颗紫色的"妙算子"——还差几口就会被他咬坏了。他把苹果翻到另一面，发现上面刻着两个英文字母：HK。

第十五课

中国香港，维多利亚港烟花盛开

求知若饥，虚心若愚。

——斯图尔特·布兰德

　　斯图尔特·布兰德生于1938，是一位美国作家，他因为创立并主编《全地球目录》杂志成为美国20世纪60年代科技、环保等一系列社会运动的先驱。这本杂志也成为"可持续生活"主义者的圣经，全球销量超过1000万份，苹果公司创始人乔布斯年轻时也深受斯图尔特和他主编的杂志的影响。据说正是因为受斯图尔特和他的杂志的影响，乔布斯年轻时有段时间坚持一日三餐只吃苹果，后来乔布斯成立的电脑公司取名叫苹果，便与此经历有关。

HK是HongKong的简称，即香港。申小吉在吃饱红苹果后，又乘坐网约飞机来到了最后一颗"妙算子"的所在地。可是，刚一落地，申小吉就听到了一个坏消息：原定于国庆日晚上在香港维多利亚港举行的国庆烟花会演被取消了。

香港自古以来就是中国的领土，1842—1997年间曾为英国殖民地。1997年7月1日，中国政府对香港恢复行使主权，香港特别行政区成立。经过多年的发展，香港不仅跻身"亚洲四小龙"行列，更成为全球最富裕、经济最发达和生活水准最高的地区之一。而国庆烟花会演，是香港表达对祖国繁荣昌盛的祝福的重大活动。

因此，申小吉决定，要发挥编程的神奇力量，让烟花在维多利亚港上绽放。

思维导图

让源源不断的烟花在香港维多利亚港上空盛开。

烟花要从下面不同的位置打到上空的不同位置并变换不同造型。

烟花爆炸后造型越来越大，最终消失在夜空中。

思维导图

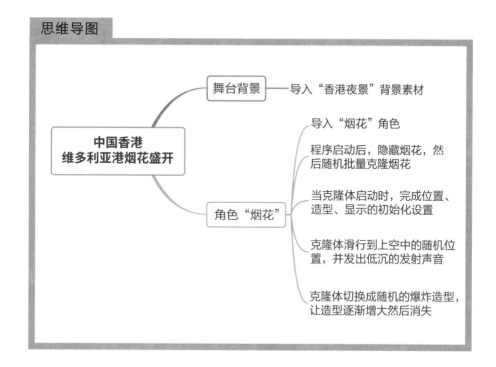

编程大作战

1. 导入舞台背景

我们想在全球知名的香港维多利亚港上空放烟花，自然需要导入一张维多利亚港夜景的背景。

如下图所示，打开Scratch找到右下角的 ，点击上传背景，进入本书配套的素材包所在的文件夹，打开第15课，找到"香港夜景"，点击打开，背景就上传成功了。

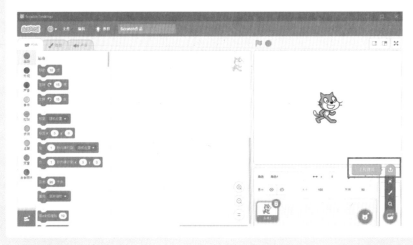

2．导入角色素材

首先删除原角色小猫。然后，如下图所示，找到右下角的，点击上传角色，进入本书配套的素材包所在的文件夹，打开第15课，找到"烟花"，点击打开，就上传成功了。

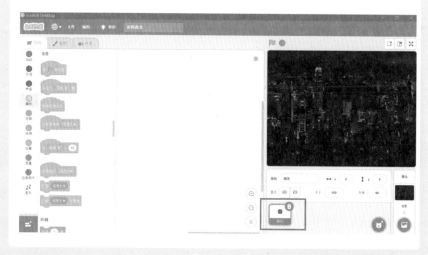

我们注意到，"烟花"这个角色包含了C1—C8几种不同的造型。

继续 →

3. 编程任务

（1）随机批量克隆烟花

我们现在只有一个角色，但我们展示的烟花却不止一个，所以需要使用克隆。同时，为了保证更好的燃放效果，我们还要控制烟花，让它随机出现，而不是有规律地出现。

任务分解	积木	备注
启动程序	当 ▶ 被点击	点击小绿旗后执行后续操作
将角色本体隐藏	隐藏	如果不隐藏，舞台区就会显示角色本体，很突兀
克隆烟花	克隆 自己 ▾	制造与当前角色一模一样的角色
让克隆持续发生	重复执行	我们希望烟花源源不断地喷出，需要持续克隆烟花
让任意两次克隆之间有时间间隔	等待 1 秒	用于控制烟花出现的时间间隔
让任意两次克隆的时间间隔是随机的	在 0.1 和 1 之间取随机数	将烟花出现的时间间隔设为随机不确定的

继续 →

我们把上述步骤组合到一起，就得出了批量克隆烟花的编程积木。

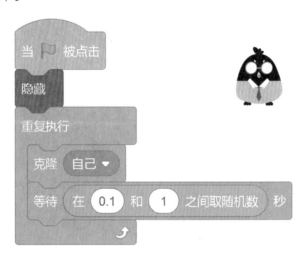

（2）给克隆烟花设置动作颜色大小造型

任务分解	积木	备注
启动克隆体	当作为克隆体启动时	启动之前克隆的烟花
把克隆的烟花显示出来	显示	确保克隆的烟花是显示的
把克隆的烟花的初始造型设置为爆炸前的造型	换成 C1 ▼ 造型	确保克隆的烟花发射升空的过程保持不爆炸造型，只有C1是非爆炸造型

继续 →

续表

任务分解	积木	备注
把克隆的烟花的初始位置设置为舞台底部的任意位置	移到x: 在 -240 和 240 之间取随机数 y -200	注意舞台区的尺寸是480×360区域
让克隆的烟花在1秒内移动到舞台顶部区域的随机位置	在 -240 和 240 之间取随机数 → 移到x: 0 y: 0 ← 在 20 和 180 之间取随机数	注意舞台区的尺寸是480×360区域 y坐标设置成20~180就能保障烟花出现在空中
让克隆的烟花移动时发出发射的声音	击打 (2)低音鼓 0.2 拍	用低音鼓可以模拟发射烟花的低沉声音
克隆的烟花升空后变换成爆炸的随机造型	换成 在 2 和 8 之间取随机数 造型	C2~C8的造型是爆炸后的造型,所以在2~8间取随机数
将克隆的烟花升空后变化的爆炸造型大小设为较大的值	将大小设为 50	这个大小可以根据感觉自主调整

继续 →

续表

任务分解	积木	备注
让克隆的烟花升空后变化的爆炸造型快速逐渐变大	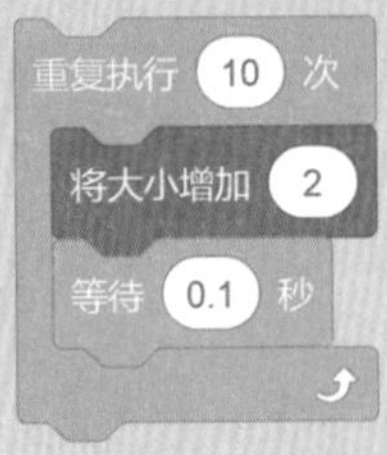 重复执行 10 次 将大小增加 2 等待 0.1 秒	这是把大小在50的基础上增加20，即使用了每等0.1秒，大小增加2，并重复10次的指令
让克隆的烟花在升空、爆炸、变化之后消失	 删除此克隆体	如不加这一步，则所有克隆的烟花都会"印"在空中，不符合烟花实际爆炸的效果

把上述任务积木拼接到一起，结果如下图所示。

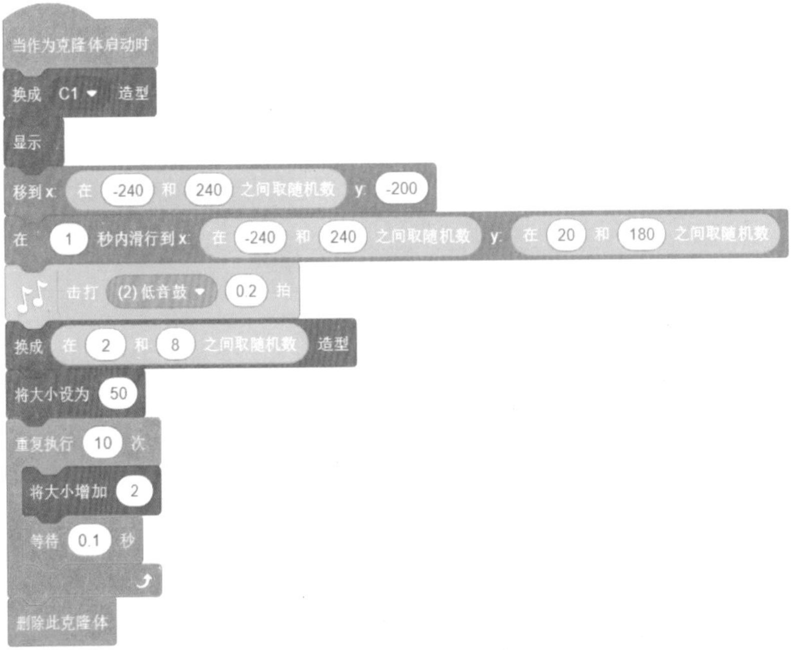

4. 运行与调试

完成了上述步骤，运行效果到底如何呢？点击 🏳，移动鼠标，看看燃放烟花的效果是否能让你满意。如果能，恭喜你又做出了一个Scratch作品；如果不能，再看下上面的教程，耐心调试，直到让自己满意。

5. 保存与命名

完成之后，按下图引导，把这个编程作品命名为"15中国香港，维多利亚港烟花盛开"，然后保存到电脑（比如桌面）。

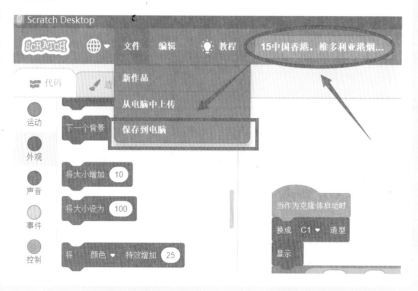

挑战自我

1. 假如我们想让烟花的升空速度变得更快，该怎么做

提示：想想哪些积木控制着烟花升空的速度，调节它的参数。

2. 尝试实现烟花爆炸后出现"恭喜发财"

提示：让克隆的烟花在合适的时机"说"这句标语即可。

编程英语

英文	中文
Hong Kong	香港
Victoria Harbour	维多利亚港
fireworks	烟花
clone	克隆
delete this clone	删除此克隆体

知识宝箱

恭喜你完成了本课的学习，下图是我们本课学习的知识图谱。

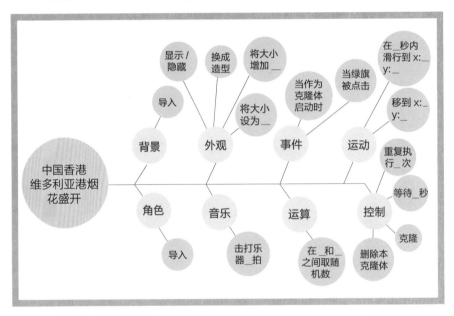

经过申小吉的努力，排山倒海般的烟花在空中竞放，观众的欢呼声此起彼伏。烟花会演结束后，现场观众的掌声持续了将近半小时。申小吉也准备跟着一起鼓掌，突然，他发现，他的手里出现了第十四颗"妙算子"——原来，在他帮忙把烟花发射到空中的时候，烟花把"妙算子"留到他的手上了。

终于把14颗"妙算子"收集完毕了！申小吉拿出装满"妙算子"的盒子，刚一打开，这些妙算子就像是感应到了什么，一起飞到空中，并且聚集在一起，形成紫色的星团。星团慢慢变大，最终如烟花一样绽开，占满了整个天空，紫色的星光洒向了观众，也洒在了地球上，随着风和大海洒落到世界各地。

这些紫色星光把地球上的病毒都消灭了，申小吉成了拯救人类的大英雄！但他并不想声张，趁着人类还没发现他作为神鸡仙君的真身时，他利用七七四十九变的法力，摇身一变，化作一只紫色的小鸟，混入紫色星光中，飞回了他在天空中的宫殿。